Juan Leonardo Rebolledo Sáez

Propiedades acústicas de fibras de celulosa sin blanquear

Juan Leonardo Rebolledo Sáez

Propiedades acústicas de fibras de celulosa sin blanquear

determinación de porosidad, resistencia al flujo y coeficiente de absorción acústica de celulosa de pino a granel

Editorial Académica Española

Impressum / Aviso legal

Bibliografische Information der Deutschen Nationalbibliothek: Die Deutsche Nationalbibliothek verzeichnet diese Publikation in der Deutschen Nationalbibliografie; detaillierte bibliografische Daten sind im Internet über http://dnb.d-nb.de abrufbar.

Información bibliográfica de la Deutsche Nationalbibliothek: La Deutsche Nationalbibliothek clasifica esta publicación en la Deutsche Nationalbibliografie; los datos bibliográficos detallados están disponibles en internet en http://dnb.d-nb.de.

Coverbild / Imagen de portada: www.ingimage.com

Verlag / Editorial:
Editorial Académica Española
ist ein Imprint der / es una marca de
OmniScriptum GmbH & Co. KG
Heinrich-Böcking-Str. 6-8, 66121 Saarbrücken, Deutschland / Alemania
Email / Correo Electrónico: info@eae-publishing.com

Herstellung: siehe letzte Seite /
Publicado en: consulte la última página
ISBN: 978-3-659-09776-8

Índice de contenido

RESUMEN

El objetivo general de este trabajo es caracterizar las propiedades de absorción acústica de la celulosa sin blanquear, es decir, sin elementos de cloración. Con esto se pretende aprovechar la biomasa como un material reciclable de absorción acústica. Las propiedades acústicas de la celulosa sin blanquear no han sido estudiadas previamente, lo cual representa la principal motivación de este trabajo.

Para lograr el objetivo, se midió la impedancia acústica, el coeficiente complejo de reflexión acústica, la resistividad al flujo, la porosidad y el coeficiente de absorción sonora para fibras de pino, con diferentes espesores y dos condiciones de humedad.

Para determinar las propiedades intrínsecas del material, se construyó un porosímetro y un dispositivo para medir la resistividad al flujo de aire. Para la medida de la impedancia acústica y el coeficiente de absorción sonora, se utilizó la técnica del tubo de impedancia acústica, que se basa en la propagación de una onda plana, dos micrófonos y el uso de la función de transferencia, métodos que han sido estandarizados por la ASTM y la ISO.

Se obtuvieron valores de densidad, resistencia al flujo, porosidad y coeficiente de absorción para muestras de diferente espesor de celulosa a granel. Los valores del coeficiente de absorción acústica en función de la frecuencia son los típicos de materiales aislantes acústicos del tipo poroso, aumentando en promedio con un incremento de la frecuencia, pero mostrando valores máximos y mínimos.

La humedad en el material causó un incremento en la resistividad al flujo y una disminución de la porosidad, lo que produce un pequeño incremento en la absorción sonora para capas gruesas. Poco efecto se percibe para capas delgadas del material. Sin embargo, en general no se observa un cambio significativo en la absorción sonora respecto a la humedad a temperatura ambiente.

Los coeficientes de regresión para un modelo empírico fueron calculados mediante optimización numérica. Se concluye que el modelo predice apropiadamente la absorción sonora de este material y que las propiedades son similares a las de materiales hechos en base a fibras minerales.

Este trabajo de tesis ha sido financiado por el proyecto FONDECYT 1110605.

1

ABSTRACT

The main objective of this work is to characterize the sound absorbing properties of unbleached cellulose, i.e., without any element of chlorination. This is to take advantage of biomass as a recyclable sound absorbing material. Acoustic properties of the unbleached cellulose pulp have not been previously studied, which is the main motivation of this work.

To meet this objective, the acoustic behavior of this fiber material was characterized by determining the acoustic impedance, the complex acoustic reflection coefficient, flow resistivity, porosity and the sound absorption coefficient. These properties were determined for pine fibers, having different thickness and moisture conditions.

To determine the intrinsic properties of the material, both a porosimeter and a device to measure the airflow resistivity were built. For determination of the acoustic impedance and sound absorption coefficient, the acoustic impedance tube technique, based on the propagation of a plane wave, two microphones and the transfer function methods was implemented according to the recommendations given by the ASTM and ISO.

Values of density, flow resistance, porosity and sound absorption coefficient for samples of different thickness were obtained for loose-fill bulk cellulose. The values of sound absorption as a function of frequency are typical of porous sound insulating materials, increasing with frequency and thickness, but showing several maxima and minima.

Humidity in the material caused an increase in the airflow resistivity value and a decrease in the material's porosity, which caused a slight increase in the sound absorption for thick layers. Little effect on sound absorption is caused by humidity for thin layers of the material. However, in general, no significant change in sound absorption is observed with respect to relative humidity at room temperature.

The regression coefficients for an empirical model were calculated using a numerical optimization method. It is concluded that the model predicts the acoustical performance of this material well and that the sound absorption properties of the material are similar to those of mineral fiber-based materials.

This thesis has been funded by FONDECYT under project 1110605.

1. INTRODUCCION

La actividad moderna trae consigo una fuerte generación de ruido, desde distintas fuentes como son: industrias, automóviles, ruido ambiente, etc. Por otro lado, para generar una calidad de vida acorde a las exigencias de las normativas actuales, que son cada día más exigentes, se requiere mitigar los efectos del ruido, ya sea aislando las fuentes generadoras y/o los espacios habitados.

A las exigencias acústicas de los materiales tradicionales usados para el control de ruido, se han sumado el uso de materiales reciclados y/o amigables con el medio ambiente. Las fibras vegetales en distintas formas constituyen una buena alternativa.

Chile cuenta con una fuente importante de recursos de biomasa, tanto nativo como de plantaciones. El proceso industrial llamado Kraft, permite la generación de energía usando como combustible la lignina presente en la biomasa y el uso de la fibra como celulosa. Previo al proceso de blanqueo, el proceso no genera contaminación con elementos clorados, por lo tanto, se podría usar esta celulosa como elemento de aislación acústica, como una alternativa a las fibras minerales actualmente en uso. Sin embargo, las propiedades acústicas de la celulosa sin blanquear no han sido estudiadas previamente, lo cual representa la principal motivación de este trabajo.

En este estudio se determinó, mediante ensayos de laboratorio, el comportamiento como absorbente acústico de la fibra natural de pino (*Pinus radiata*), proveniente de la fabricación de celulosa, mediante el proceso Kraft. Estos resultados experimentales se comparan con los resultados obtenidos con un modelo teórico desarrollado para explicar el comportamiento acústico de los materiales fibrosos.

3

2. OBJETIVOS

2.1 OBJETIVO GENERAL

El objetivo general de este trabajo de tesis, es caracterizar el comportamiento como absorbente acústico de la fibra de biomasa, determinando sus características de absorción acústica para diferentes condiciones de la fibra de celulosa de pino no blanqueada, producida mediante un proceso sin cloración.

2.2 OBJETIVOS ESPECÍFICOS

Los objetivos específicos, que apuntan a lograr el objetivo general son:

a) Construir un banco de ensayos para la determinación de las propiedades básicas de un material absorbente, incluyendo la impedancia acústica, coeficiente de absorción sonora, resistividad al flujo y porosidad.

b) Determinar las propiedades físicas del material a ensayar.

c) Determinar los coeficientes de absorción sonora en muestras de diferentes espesores y humedad, en las condiciones usadas en aplicaciones reales.

d) Comparar los resultados experimentales con un modelo teórico de predicción del comportamiento acústico de materiales porosos del tipo fibrosos.

3. FUNDAMENTOS TEORICOS

Para evaluar el comportamiento acústico y poder comparar diferentes materiales usados como aislantes acústicos, se requiere determinar algunas propiedades características obtenidas en laboratorios con procedimientos normalizados, de modo de poder elegir de manera objetiva.

El coeficiente de absorción sonora, la impedancia compleja y la resistencia al flujo, dan una idea clara acerca del comportamiento acústico de los materiales. Existen otros parámetros, tales como la impedancia superficial, la porosidad, la tortuosidad, etc. que si bien permiten estimar la capacidad de absorción acústica, por si solos no bastan.

3.1 FIBRA DE CELULOSA

La celulosa de madera es una fibra natural, que forma parte de la composición de las células de los árboles y que se usa principalmente para la fabricación de papel y sus derivados.

Desde el punto de vista químico, es un polímero formado por una cadena de carbohidratos polisacáridos, siendo muy resistente e indisoluble en agua. La producción de fibra de celulosa, se puede realizar, mediante:

a) *Proceso mecánico*: La fibra se produce desfibrando los rollizos de madera mediante un proceso abrasivo que genera un aumento significativo de la temperatura, facilitando la separación de las fibras. Es un proceso muy eficiente pero produce un papel con restos de resinas, compuestos químicos y lignina, que le confiere el color café característico.

b) *Proceso químico o Kraft*: el cual básicamente consiste en someter a un proceso de cocción en grandes estanques, llamados digestores, de trozos de madera mezclada con agua y licor blanco, que es un compuesto formado por hidróxido de sodio ($NaOH$) y sulfuro de sodio (Na_2S), compuestos químicos que ayudan en la extracción de la lignina. Este proceso es muy eficiente desde el punto de vista económico, ya que producto de esta cocción se logra el licor negro (mezcla de licor blanco y lignina), el que es usado como combustible. Se genera un residuo llamado licor verde, el cual es posteriormente tratado con cal y es transformado en licor blanco, generando así un proceso cerrado. Este proceso también es eficiente desde el punto de vista del producto ya que elimina gran parte de la lignina presente en la madera.

Para su comercialización se procede a blanquear la celulosa, siendo este un proceso generalmente muy contaminante, en el cual se le extrae la lignina residual, para lo cual se aplican reactivos químicos, tales como cloro puro (Cl_2), dióxido de cloro (ClO_2) y peróxido de hidrógeno (H_2O_2).

En este trabajo se evalúa el uso de celulosa como elemento de aislación acústica, para lo cual se ha usado la fibra de celulosa sin blanquear, para evitar el efecto contaminante del proceso de blanqueado. El material se ha evaluado a granel, es decir, en la disposición física más común para usar este tipo de material en la práctica y se midieron sus características acústicas con diferentes espesores y dos condiciones diferentes de humedad.

Como se puede observar, la celulosa a granel presenta características macroscópicas de tipo granular (ver Figura 1), mientras que en forma microscópica es una estructura de fibras (ver Figura 2). Por lo tanto, el mecanismo de absorción acústica es una combinación del comportamiento de un material fibroso y uno granular (Juliá Sanchis, 2008).

Figura 1: Muestra de celulosa a granel, no blanqueada con humedad de 69%.

6

200µm

Figura 2: Estructura microscópica de fibra de celulosa (fuente: Renewable Bioproducts Institute, Georgia Tech).

De acuerdo a la teoría vibro-acústica, el sonido es una onda de presión que se irradia en un medio. Cuando esta onda de presión impacta la superficie de un material absorbente, parte de su energía se refleja, parte se transmite y una parte importante de ésta es disipada en forma de calor en el interior del material absorbente, donde el mecanismo de disipación dependerá de su estructura.

La fibra de celulosa de pino está compuesta de filamentos entrelazados entre sí, formando pequeños canales intersticiales que traspasan el material. La onda acústica ingresa a ellos, provocando una vibración de estas fibras, que genera una pérdida de energía de la onda sonora, es decir, la disipación de energía se produce por una dispersión entre las fibras y por la vibración de cada una de ellas y por otra parte mediante el comportamiento como material granular donde la absorción acústica se produce por un proceso de transferencia de calor producto de la viscosidad del aire contenido en el material (Arenas y Crocker, 2010).

7

3.2 MEDICIÓN DE LA ABSORCIÓN SONORA

Los principales métodos para determinar las propiedades de absorción sonora de los materiales, son el método de la cámara reverberante y el método del tubo de impedancia, los cuales se describen a continuación.

3.2.1 Método de la cámara reverberante

El método de la cámara reverberante mide la absorción en condiciones más reales de campo sonoro difuso o de incidencia aleatoria. Se basa en la medida del tiempo de reverberación antes y después de cubrir las paredes o suelo de la cámara reverberante con el material a ensayar. El método ha sido normalizado por la Normas Españolas UNE correspondiente con la Norma ISO (International Standardization Organization) ISO 354 (2003), cuyo equivalente español es la norma UNE-EN ISO 354 (2004).

Una vez registrados los tiempos de reverberación con y sin muestra para una excitación de ruido de banda ancha, se procede a calcular las pendientes de las curvas en bandas de tercios de octavas. En la Figura 3, se puede ver un ejemplo de los resultados de medición del decaimiento de la energía sonora al medir absorción en cámara reverberante.

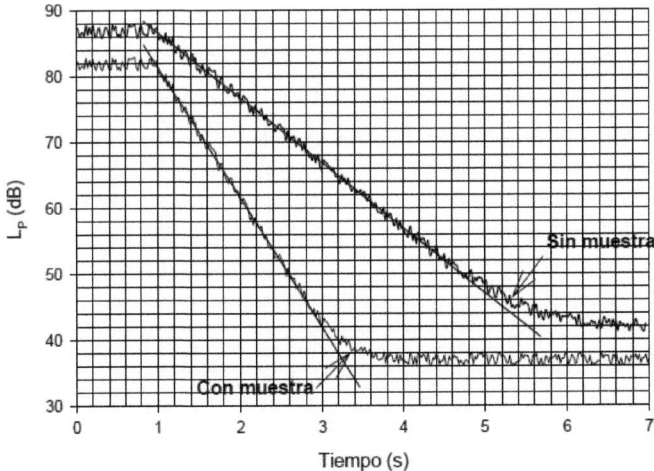

Figura 3: Ejemplo curva de tiempo de reverberación, para el cálculo de coeficiente de absorción.

3.2.2 Método del tubo de impedancia (tubo de Kundt)

El método se basa en la medición de la impedancia superficial de un material sometido a la acción de una onda plana, incidiendo normal a la superficie del material.

Aunque es una técnica usada ampliamente en laboratorios por su facilidad de implementación, su reducido tamaño y bajo costo de ensayo, sus resultados pueden diferir de los valores de absorción acústica real de los materiales al ser usados en aplicaciones reales. Sin embargo, este método puede ser usado para comparar materiales entre sí y para probar los modelos teóricos. La metodología de ensayo, se encuentra normalizada y se rige por las normas ASTM E1050 (1998) y la ISO 10534-2 (2002).

El físico alemán August Kundt (1839-1894), es considerado el inventor del tubo de impedancia acústica. En el año 1946, Scott trabajó con una muestra continua de material aislante dentro del tubo, considerando despreciable la reflexión sonora al final de éste, calculando la impedancia acústica como la razón entre la presión sonora y la velocidad de onda en el medio. El midió la caída de presión sonora al interior de la muestra, pasando un micrófono a través de ella, obteniendo así un gráfico de la caída de presión sonora en función de la distancia, para determinar la constante de propagación (Scott, 1946).

La constante de propagación (Γ), está compuesta de una parte real (*factor de propagación*) y una parte imaginaria (*factor de atenuación*). El factor de propagación está relacionado con el cambio de fase por unidad de longitud mientras que el factor de atenuación está relacionado con la caída exponencial de la presión sonora en el material. Matemáticamente se define como

$$\Gamma = \alpha \quad j\beta \tag{1}$$

La impedancia característica, al igual que la constante de propagación es, en general, un número complejo, en el cual su parte real es la resistencia y su parte imaginaria es la reactancia. Las dos cantidades se pueden escribir como

$$Z = R \quad jK \tag{2}$$

Para materiales absorbentes porosos, se han desarrollado procedimientos para estimar la impedancia acústica. De acuerdo a Oliva y Hongisto (2013), estos procedimientos se pueden clasificar en métodos empíricos y métodos teóricos.

Basado en muchas mediciones de la impedancia y de la resistividad al flujo, los métodos empíricos consisten en aplicar métodos de regresión, los que son aplicables a materiales muy específicos y en condiciones claramente delimitadas.

Por otro lado los modelos teóricos, están basados en el fenómeno físico de la propagación de la onda acústica en el material, para lo cual se requiere una caracterización más compleja de las propiedades del material como, por ejemplo, la porosidad y tortuosidad o factor de forma (propiedad que considera la distribución no uniforme y la forma irregular de los poros).

Un método de carácter experimental es el desarrollado por los autores Delany y Bazley (1970), en el cual caracterizaron materiales absorbentes fibrosos de lana mineral graficando los valores de la impedancia (Z) y de la constante de propagación (Γ), en función del producto de la frecuencia y la resistencia al flujo (σ). Por otro lado, Biot (1956), desarrolló un modelo teórico analizando la propagación de las ondas en un sólido poroso que posee una estructura elástica.

Alba et al., (2011), destaca un modelo teórico, desarrollado previamente por Voronina (1994), el cual es aplicable a materiales absorbentes fibrosos. En éste, se modela una función analítica que varía con la porosidad del material, la frecuencia del sonido f y el diámetro promedio de la fibra.

En general, en la dirección de propagación de las ondas planas, los materiales fibrosos se pueden considerar homogéneos e isotrópicos. Del trabajo de Juliá Sanchis (2008), se desprende que la resistencia específica al flujo por unidad de espesor L, depende de la densidad del material y del tamaño de la fibra.

En el modelo empírico de Delany y Bazley se definen los parámetros

$$\frac{R}{\rho_0 c_0} = 1 \quad 9,08\left(\frac{f}{\sigma}\right)^{-0.75} \tag{3}$$

$$\frac{X}{\rho_0 c_0} = -11,9\left(\frac{f}{\sigma}\right)^{-0.73} \tag{4}$$

$$\alpha = 10,3\frac{\omega}{c_0}\left(\frac{f}{\sigma}\right)^{-0.59}$$

$$\tag{5}$$

$$\beta = \frac{\omega}{c_0}\left[1 \quad 10.8\left(\frac{f}{\sigma}\right)^{-0.70}\right]$$

$$\tag{6}$$

donde: $\omega=2\pi f$ y σ es la resistividad al flujo.

La impedancia característica (Z_l) de una capa de material de espesor L (con terminación rígida), se puede calcular como:

$$Z_l = Z \coth(\quad L)$$

$$\tag{7}$$

donde: $Z = R + jX$ es la impedancia característica del material.

El coeficiente de absorción a incidencia normal, se calcula como

$$\alpha_n = 1 \quad \left[\frac{Z-\rho_0 c_0}{Z+\rho_0 c_0}\right]^2$$

$$\tag{8}$$

3.3 MODELO MATEMATICO

Dado que el modelo de Delany y Bazley es un modelo empírico, se observa en la literatura que existen muchas variaciones de este método para calcular la impedancia acústica, dependiendo de la aplicación en particular y de los valores obtenidos en los ensayos realizados por los distintos investigadores. Sin embargo, no hay cambios sustanciales en la forma de las ecuaciones y sólo se verifican cambios en los valores de las constantes.

Yoon (2013), en su trabajo sobre optimización de la estructura topológica de los materiales absorbentes acústicos, aplicó las ecuaciones empíricas de Delany y Bazley a materiales fibrosos con porosidad cercana a la unidad.

La resistividad al flujo fue obtenida midiendo la caída de presión producida por la resistencia que opone la muestra al flujo de aire, como se muestra en la Figura 4, para lo cual se usó un tubo de flujo.

El cálculo de estos dos parámetros está determinado en base a la relación entre la frecuencia (f) y la resistencia específica al flujo por unidad de espesor, llamada resistividad al flujo (σ) y que depende, principalmente, de la densidad del material y del diámetro de la fibra. De esta forma, la impedancia característica compleja (Z) es

$$Z = \rho_0 c_0 \left[1 + 0.0571 \left(\frac{\rho_0 f}{\sigma} \right)^{-0.754} - j0.087 \left(\frac{\rho_0 f}{\sigma} \right)^{-0.732} \right] \tag{9}$$

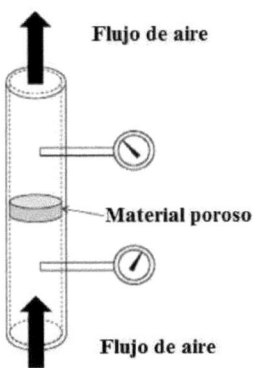

Figura 4: Tubo de flujo usado para medir la resistencia al flujo de aire.

La constante de propagación compleja (Γ) es dada por

$$\Gamma = \frac{2\pi f}{c_0} \left[1 + 0.0978 \left(\frac{\rho_0 f}{\sigma} \right)^{-0.7} - j0.189 \left(\frac{\rho_0 f}{\sigma} \right)^{-0.595} \right] \tag{10}$$

Las ecuaciones anteriores son válidas en el rango

$$10^{-2} \le \frac{f}{\sigma} \le 1 \tag{11}$$

4. MATERIALES Y METODOS

4.1 RESISTENCIA AL FLUJO

4.1.1 Método acústico

La resistencia al flujo es la razón entre la diferencia de presión sonora entre dos puntos y la velocidad del flujo de aire que pasa a través del material.

Juliá Sanchis en su tesis doctoral (2008), aplicó la metodología desarrollada por Ingard y Dear (1985), en el cálculo de la resistencia al flujo para materiales porosos y fibrosos.

Este método se basa en medir la función de transferencia H_{12} entre dos micrófonos ubicados en un tubo de ondas con terminación rígida, uno frente a la muestra y el otro frente a la terminación reflectante, como se muestra en la Figura 5.

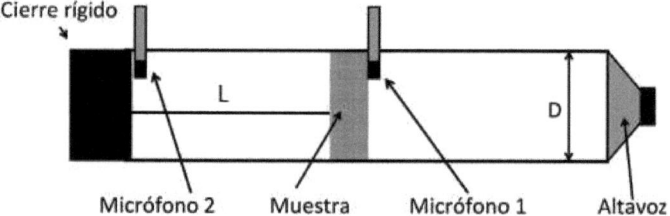

Figura 5: Esquema del tubo de impedancia usado para medir resistencia al flujo por el método acústico.

Según Ingard y Dear (1985), la impedancia normalizada al flujo en este caso es

$$\frac{Z}{\rho_0 c_0} = \theta \quad j\chi \quad j\frac{1}{H_{12}}(\ 1)^{n-1} \tag{12}$$

de dónde se deduce que

$$\theta = j\left|imag\left(\frac{1}{H_{12}}\right)\right| = \left|imag\left(\frac{p_1}{p_2}\right)\right| \tag{13}$$

13

$$\chi = real\left(\frac{1}{H_{12}}\right)(-1)^{n-1} - real\left(\frac{p_1}{p_2}\right)(-1)^{n-1} \qquad (14)$$

Si $\chi = L = (2n-1)\dfrac{\lambda}{4}$ la parte real (resistencia), representa la resistencia al flujo y es mucho mayor que la parte imaginaria (reactancia), por lo que se puede asumir que

$$\theta = \left|\frac{p_1}{p_2}\right| = \left|\frac{1}{H_{12}}\right| \qquad (15)$$

Expresando las ecuaciones en términos de los niveles de presión sonora medidos en cada posición de micrófono, se obtiene que

$$Lp_1 - Lp_2 = 20 \log\left(\frac{p_1}{p_2}\right) \qquad (16)$$

Por lo tanto, la resistencia al flujo, se puede calcular como

$$r = \rho_0 c 10^{\left(\frac{Lp1 - Lp2}{20}\right)}. \qquad (17)$$

La resistividad al flujo se determina dividiendo la ecuación (17) por el espesor de la muestra.

En el caso de este estudio, ya que el material de celulosa consistió de muestras a granel, se diseñó un montaje vertical equivalente al de la Figura 5, para considerar la real disposición de este tipo de material (Arenas y Rebolledo, 2013).

Usando dos tubos de metacrilato, de 50 mm de diámetro interior y 850 mm de largo, se construyó el dispositivo mostrado en la Figura 6. Este consta de un tubo inferior el que tiene en su base un flange para apoyarse en el altavoz. Los tubos van unidos mediante un flange de conexión entre los cuales se coloca una membrana transparente al ruido, que sirve como elemento de apoyo de la muestra de celulosa a granel. Exactamente en un punto por debajo de la muestra se inserta un micrófono de condensador de ¼ de pulgada cuya membrana está montada a ras en la pared del tubo. Una vez ingresada la muestra por el extremo del tubo superior, este se tapa con una pieza de acero, que forma un cierre rígido. Este tubo superior tiene una perforación para insertar otro micrófono justo frente a la terminación reflectante. La distancia entre los dos micrófonos es de 825 mm.

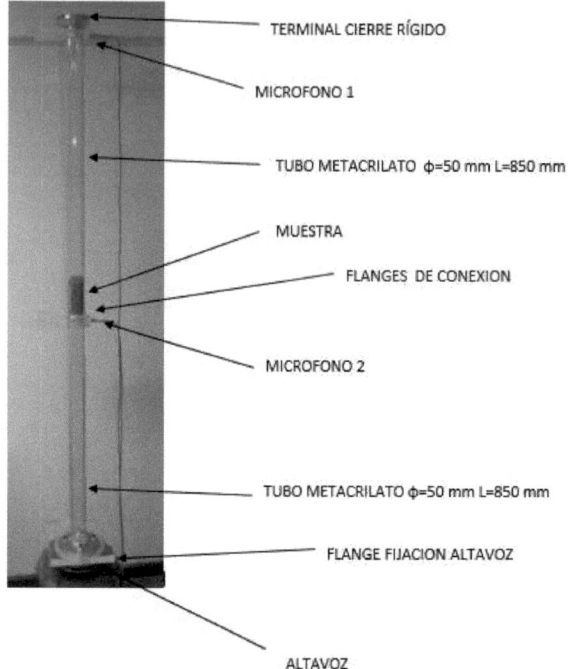

TERMINAL CIERRE RÍGIDO

MICROFONO 1

TUBO METACRILATO φ=50 mm L=850 mm

MUESTRA

FLANGES DE CONEXION

MICROFONO 2

TUBO METACRILATO φ=50 mm L=850 mm

FLANGE FIJACION ALTAVOZ

ALTAVOZ

Figura 6: Tubo de impedancia construido para medir resistencia al flujo por el método de Ingard y Dear (1985).

4.1.2 Método del flujo de aire

Para una frecuencia dada, el espesor de la capa límite es mayor que el tamaño del poro. Por lo tanto, el flujo se desarrolla dentro de la capa límite, considerándose viscoso y no inercial. La onda de presión generada por el fluido es opuesta a la fuerza viscosa. La constante de permeabilidad, está dada por el flujo que pasa por el material, dividido por el tamaño medio del poro. Aplicando la Ley de Darcy, queda:

$$Q = C_{permeabilidad} S \frac{\Delta p}{l} \tag{18}$$

15

La resistividad al flujo es una medida indirecta de los poros abiertos del material y está definida como el inverso de la permeabilidad. Por lo tanto

$$\sigma = \frac{\Delta p}{l}\frac{S}{Q} \; , \qquad (19)$$

Donde l es el espesor del material poroso, Q es el flujo volumétrico, S es el área del material y Δp es el gradiente de presión. Basado en la Norma ISO 29053 (1993), existen dos métodos para medir la resistividad al flujo mediante un flujo de aire, los que se describen a continuación.

a) Método de Flujo Constante

Basado en el trabajo de Sagartzazu et al. (2008), se puede describir este método como aquel en el que se colocan dos materiales porosos en serie, usando uno con una resistencia al flujo conocida como material de referencia y en función de ésta se determina la resistencia del segundo material, como se indica en la Figura 7.

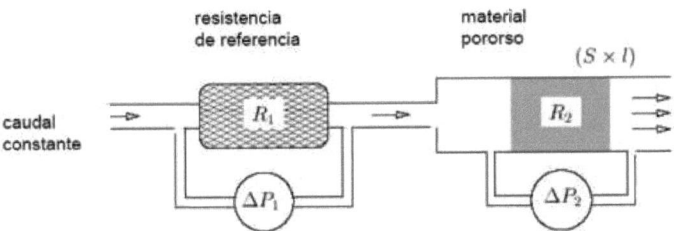

Figura 7: Diagrama de resistómetro para flujo constante (Dauchez, 1999).

Así, la resistividad en función de la resistividad de referencia es

$$\sigma = R_2 \frac{S}{Q} \qquad (20)$$

Considerando que

$$\frac{\Delta p_1}{R_1} = \frac{\Delta p_2}{R_2} \; , \qquad (21)$$

La resistividad al flujo de aire es determinada por la ecuación

$$\sigma = R_1 \frac{\Delta p_2}{\Delta p_1} \frac{S}{l} \tag{22}$$

b) *Método del Flujo Variable*

Resulta difícil mantener una velocidad constante dentro del tubo, por lo que se recomienda usar un método que permita eliminar la influencia de las pequeñas variaciones de flujo, como se esquematiza en la Figura 8.

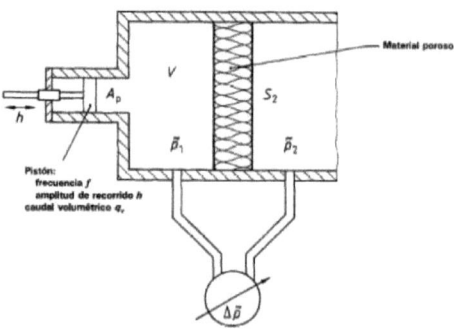

Figura 8: Esquema del equipo para la medición de la resistividad al flujo.

Este método mide la presión con respecto a una presión diferencial. El pistón genera un movimiento oscilatorio, haciendo variar el aire dentro del tubo con la misma frecuencia. Esta presión es medida con un micrófono en función de la frecuencia de variación del flujo, la cual puede estar fuera del rango audible.

Schiavi et al. (2011), midieron la resistencia al flujo de aire mediante un flujo alternado, cuya máquina (ver Figura 9) fue diseñada y fabricada en el Instituto Nacional de Investigación Metrológica de Turín, midiendo el diferencial de presión con un micrófono de condensador, y un sistema de procesamiento de señales en tiempo real, para una velocidad lineal del flujo de aire V entre 0.5 y 4 mm/s.

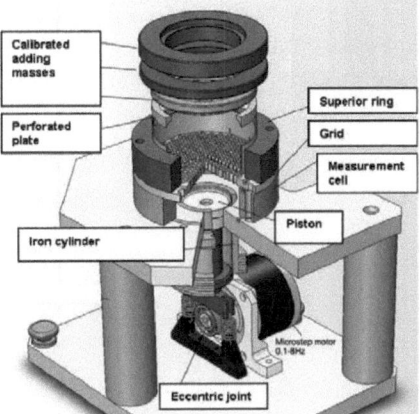

Figura 9: Esquema equipo medición de resistividad al flujo diseñado por Schiavi (2011)

De esta forma se determina que

$$\sigma = \frac{1}{V}\frac{\Delta p}{l} \tag{23}$$

Con el propósito de independizar la medición del uso de micrófonos, en la Gorgan University of Agricultural and Natural Resources de Irán, Kashaninejad y Tabil (2009), diseñaron y fabricaron un equipo, que se muestra en la Figura 10, el que consiste de un ventilador centrífugo (A), que impulsa un cierto caudal de aire por un conducto recto hacia una estación de estabilización (C). Dicho caudal se mide con un anemómetro (B). Desde esa estación de estabilización (C) se impulsa un flujo recto (E) hacia el material (F) (en este caso eran pistachos), separados por una lámina perforada (E). La presión es medida en diferentes posiciones de la muestra (G).

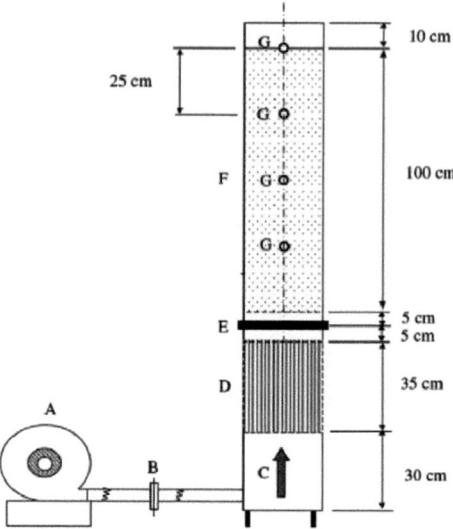

Figura 10: Esquema equipo medición de resistividad al flujo para muestras de pistachos.

Benkreira et al. (2011), midieron la resistencia al flujo en muestras de polímeros y espumas de poliuretano en un aparato creado por ellos, en el cual la muestra es colocada en un dispositivo midiendo el diferencial de presión del flujo de aire que pasa por él, como se muestra en la Figura 11.

Figura 11: Esquema equipo medición de resistividad de Benkreira (2011).

Oliva y Hongisto (2013), midieron la resistividad al flujo para diferentes configuraciones de lana mineral. Para esto usaron un cilindro circular de diámetro 63.5 mm, en el que pusieron la muestra midiendo el diferencial de presión. El aire fue proporcionado mediante una bomba de vacío, con un caudal volumétrico de aire entre 3 y 10 l/min. Mediante un regulador se aseguró un caudal constante de aire al tubo de 0,094 l/min.

Tomando como referencia los trabajos revisados y el artículo de Iannace et al. (1999), se ha diseñado y construido un dispositivo para medir resistencia al flujo, que se esquematiza en la Figura 12. El diseño permite asegurar un flujo constante de aire a través de la muestra, para lo cual se ha considerado un dispositivo que actúa como pistón hidráulico. Se ingresa un flujo constante de agua al pistón con lo cual, al subir el nivel, produce un desplazamiento del aire a velocidad constante. Se puede medir el tiempo de subida de la columna para determinar el caudal. Este flujo de aire es guiado a la cámara de prueba mediante mangueras. La idea de tener cámaras separadas es para no afectar la velocidad del aire con el aumento en la altura de la columna de agua. En la Figura 13 se muestran dos fotografías del equipo construido.

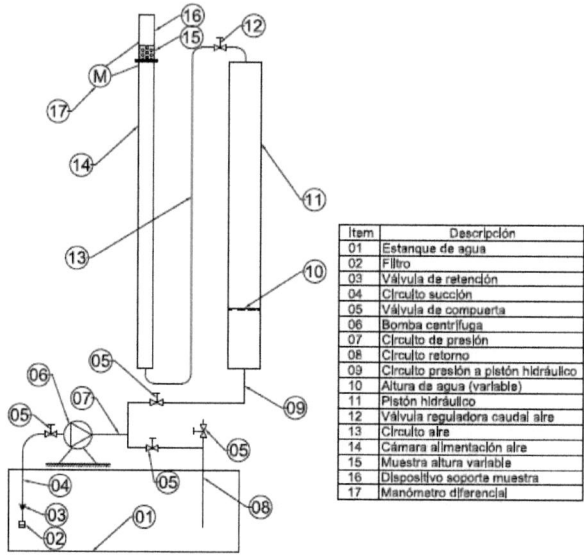

Item	Descripción
01	Estanque de agua
02	Filtro
03	Válvula de retención
04	Circuito succión
05	Válvula de compuerta
06	Bomba centrífuga
07	Circuito de presión
08	Circuito retorno
09	Circuito presión a pistón hidráulico
10	Altura de agua (variable)
11	Pistón hidráulico
12	Válvula reguladora caudal aire
13	Circuito aire
14	Cámara alimentación aire
15	Muestra altura variable
16	Dispositivo soporte muestra
17	Manómetro diferencial

Figura 12: Esquema del equipo de medición de resistividad al flujo construido.

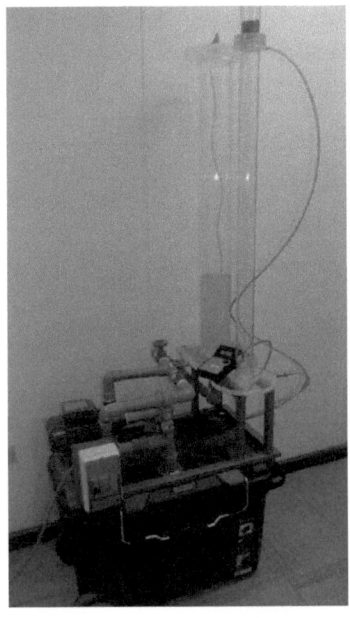

Figura 13: Detalle de la bomba y del sistema de tuberías del equipo construido.

Para no afectar la pérdida de presión al pasar el aire por la muestra, se debe asegurar un flujo laminar y sin interferencias del aire, para lo cual se calculó el Número de Reynolds para el aire:

$$\text{Re}_D = \frac{V\phi}{\upsilon} \Rightarrow \text{Re}_D = \frac{0,13x0,05}{1,8e-5} \Rightarrow \text{Re}_{\overline{D}} \quad 360 \quad 2300 \quad \text{Régimen laminar.}$$

Considerando 0,13 m/s como el valor de velocidad máxima del aire en la cámara de alimentación de aire, se realizó una simulación en el programa FLUENT de ANSYS, con el propósito de asegurar:

- Líneas de corriente del flujo perpendiculares a la muestra.
- Que en ninguna parte del circuito de aire se sobrepase la velocidad del sonido
- Que se evite la compresibilidad del aire.

22

- Que el tubo sea lo suficientemente largo para no ser afectado por singularidades, tales como: ampliación de diámetros, etc.

Se consideró como dominio de simulación el aire contenido en el pistón, en el circuito de aire y en la cámara de aire hasta la entrada del dispositivo de sujeción de muestras (ver Figura 14). Con el propósito de asegurar el funcionamiento en condiciones más exigentes se ha considerado una velocidad del pistón que provoque una velocidad del aire 20 veces mayor que la velocidad máxima usada durante los ensayos. Los resultados de dicha simulación se muestran en la Figura 15, obteniéndose una velocidad máxima del aire dentro del circuito de 78 m/s en el codo antes de entrar a la cámara de aire (ver Figura 16). Se ha graficado el perfil de velocidad en dicha zona haciendo una ampliación de escala y para dimensionar el efecto del cambio de diámetro (ver Figura 17). Finalmente, se muestra el perfil de velocidades dentro del tubo de la cámara de aire (ver Figura 18), observándose claramente que el flujo es unidimensional sin verse afectado por singularidades.

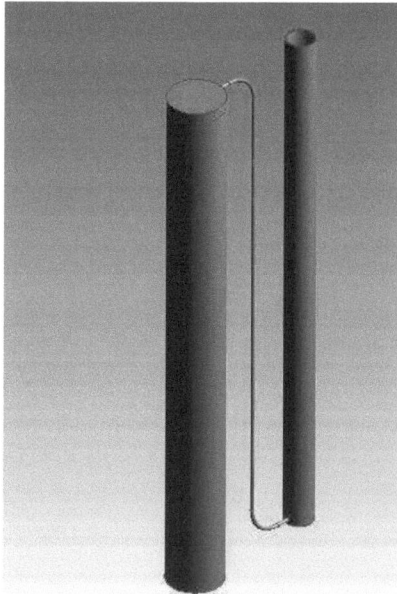

Figura 14: Dominio usado para la simulación.

23

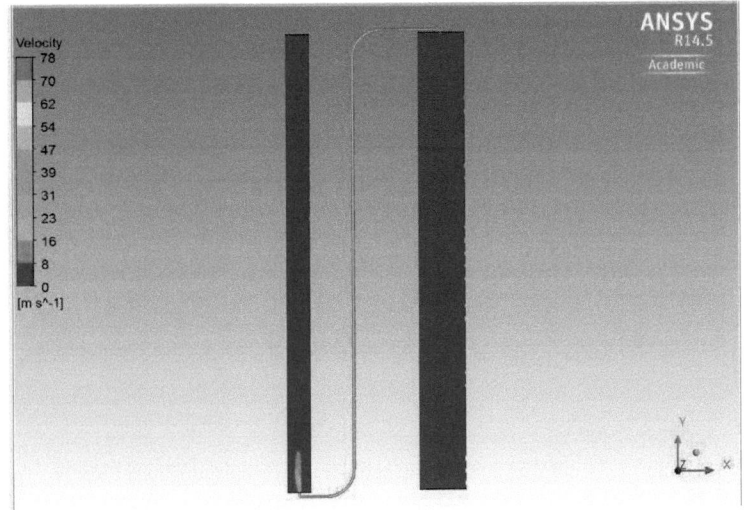

Figura 15: Perfil de velocidades del aire.

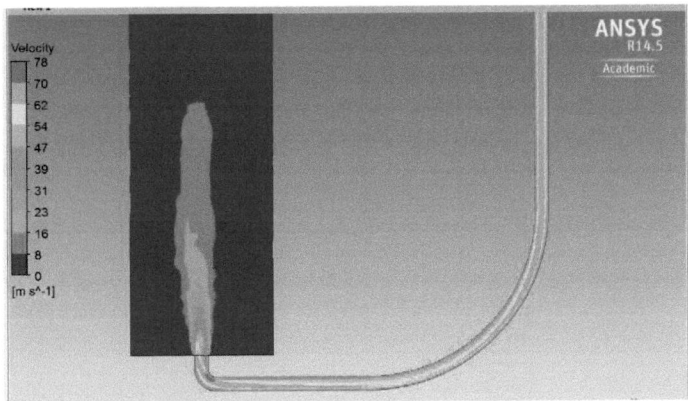

Figura 16: Detalle del perfil de velocidades.

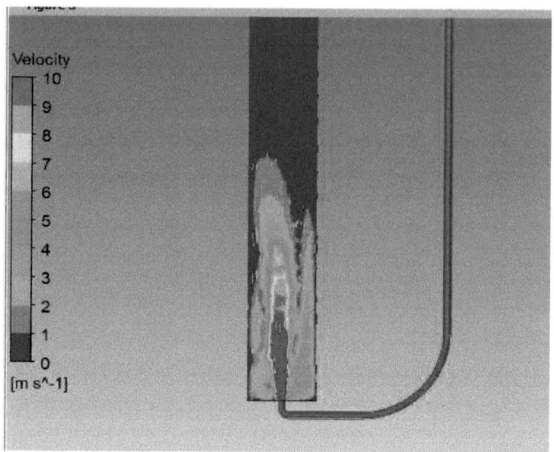

Figura 17: Detalle del perfil de velocidades con escala ampliada 7 veces.

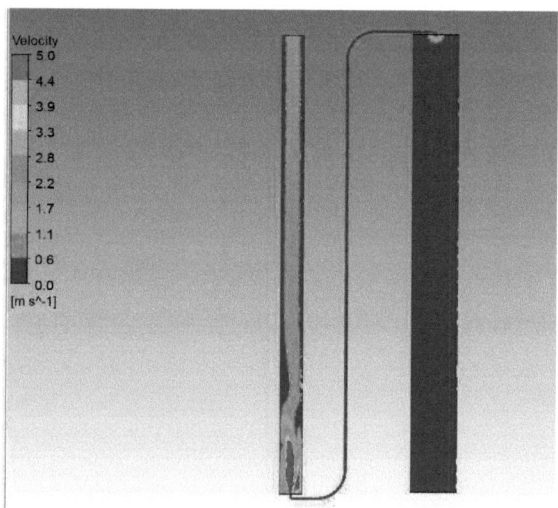

Figura 18: Detalle del perfil de velocidades amplificada 20 veces.

4.2. COEFICIENTE DE ABSORCION SONORA

La impedancia acústica es la resistencia que opone un medio a las ondas de presión que se propagan en él para una frecuencia dada. Se calcula como la razón entre la presión sonora y la velocidad de partículas en el medio de propagación. Es una propiedad del medio y depende del campo acústico. A partir de la impedancia acústica se puede determinar el coeficiente de absorción sonora a incidencia normal utilizando el tubo de Kundt, que se discutió en la Sección 3.2.2.

El método de ensayo más común está normalizado por la ISO 10534-2 (2001) y se basa en la medición de la función de transferencia H_{12} entre dos micrófonos, ubicados a una distancia fija z, y montados al ras en las paredes del tubo. La técnica ha sido descrita en numeroso artículos y la Figura 19 muestra el esquema para el diseño y montaje del tubo de impedancia (Crocker y Arenas, 2008). Para el ensayo se genera una onda de incidencia normal de características aleatorias mediante un altavoz y se miden las presiones acústicas mediante los dos micrófonos. Las señales son procesadas mediante un sistema digital de análisis de señal, obteniéndose la función de transferencia con la cual se calcula el coeficiente de reflexión complejo para un número de onda k, con la siguiente ecuación

$$R = \frac{H_{12} - e^{-jk\delta}}{e^{jk\delta} - H_{12}} e^{j2kz} .$$ (24)

A partir de este valor, se determina el coeficiente de absorción sonora, como

$$\alpha = 1 - |R|^2 .$$ (25)

Se utilizó metacrilato transparente para construir el tubo de impedancia, de diámetro 50 mm. Por tratarse de una muestra a granel, fue necesario montar el tubo de impedancia en forma vertical (ver Figura 20), con la fuente de excitación puesta en la parte superior del tubo. Además, se diseñó un dispositivo porta muestra (ver Figura 21), el que va montado en voladizo en la parte inferior del tubo.

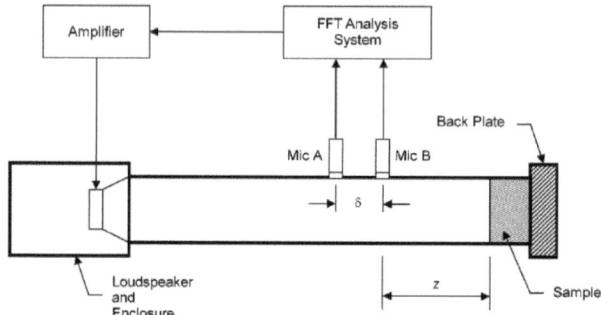

Figura 19: Esquema del dispositivo para el método del tubo de impedancia (Crocker y Arenas, 2008).

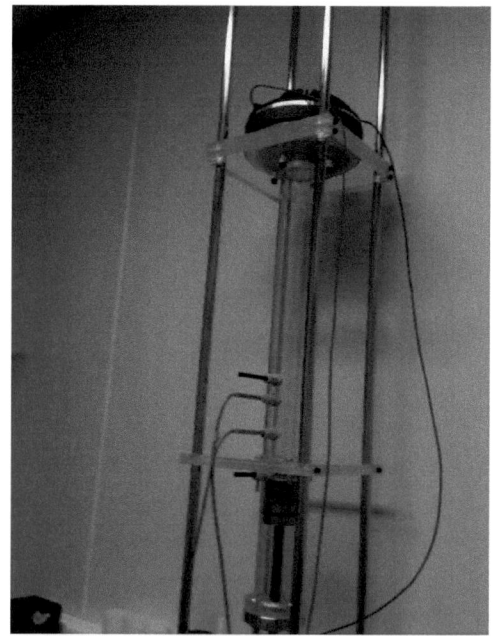

Figura 20: Montaje del tubo de impedancia

Figura 21: Dispositivo porta muestra con el material en su interior

4.3 POROSIDAD

Para materiales con poros abiertos y una estructura elástica, como es el caso de la fibra de celulosa, se define la porosidad como la razón entre el volumen de aire contenido y el volumen total ocupado por la muestra de material (Crocker y Arenas, 2008). Dado que la absorción de las ondas sonoras al interior del material depende de los poros abiertos, sólo se considera el volumen de aire de los poros abiertos y los cerrados forman parte de la estructura del material. Para materiales absorbentes, tales como espumas de polímeros y materiales fibrosos, los valores de porosidad se encuentran entre 0.95 y 0.99 (Sagartzazu et al., 2008).

Basado en un trabajo previo de Beranek (1942), Champoux et al. (1991) desarrollaron un método experimental para medir el volumen de aire contenido en la muestra de material y así determinar la porosidad. Este consiste en producir un cambio isotérmico del volumen de aire contenido en un espacio cerrado y el cambio de la presión permite, a través de la ley de los gases ideales, determinar el volumen de aire contenido en la muestra. El principio de funcionamiento de la aplicación de la ley de los gases ideales se muestra en la Figura 22. El volumen final se determina por la ecuación

$$V_f = -\left(\frac{p_0 + \Delta p}{\Delta p}\Delta V + V_{ext}\right).$$
(26)

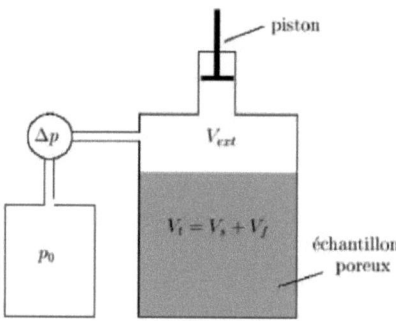

Figura 22: Esquema de la medición de porosidad.

El equipo desarrollado se esquematiza en la Figura 23. El material es colocado en una cámara cilíndrica, el desplazamiento del pistón se mide con un micrómetro y la variación del volumen contenido provoca una variación de la presión la que es medida mediante un manómetro diferencial.

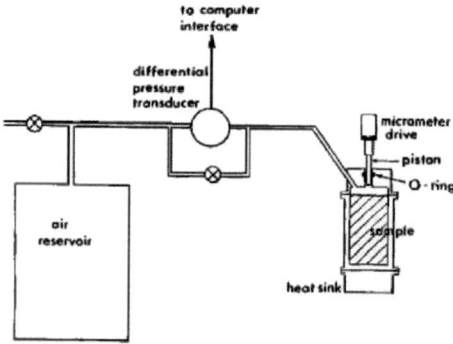

Figura 23: Esquema equipo desarrollado por Champoux et al. (1991).

Usando el mismo principio ya señalado, se diseñó y construyó un equipo para determinar la porosidad en muestras de materiales porosos. El esquema del aparato se muestra en la Figura 24.

A través de la válvula 03 se llena el contenedor 01 con aire a presión, manteniendo cerrada las válvulas 04, 05 y 07. Enseguida, en el contenedor 08 se coloca la muestra abriendo la tapa (ver Figura 25). Una vez colocada la muestra, se cierra la tapa hermética y se abre la válvula 04 para igualar presiones. A continuación se cierra la válvula 04 y se abren las válvulas 05 y 07. Se desplaza muy lentamente el husillo 09 con el pistón 11, midiendo el desplazamiento con el micrómetro 10. La variación de presión se mide en el manómetro digital 06. La Figura 26 muestra una fotografía del dispositivo construido.

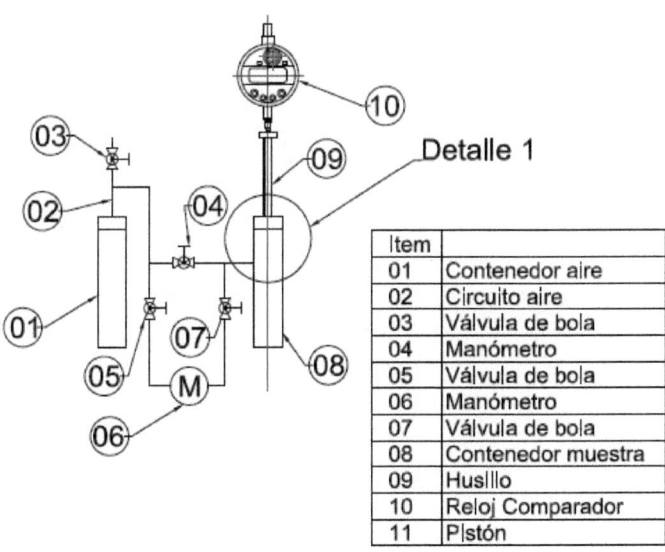

Figura 24: Esquema del equipo fabricado para medir porosidad.

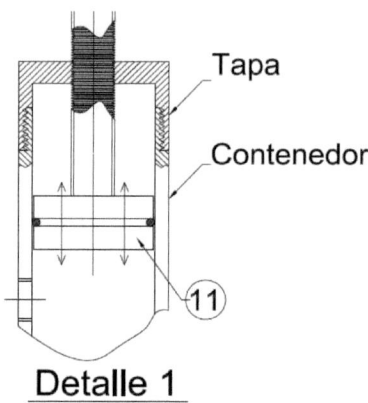

Detalle 1

Figura 25: Detalle de la tapa del contenedor de muestras.

Figura 26: Fotografía del dispositivo construido para medir porosidad.

Para verificar la sensibilidad del medidor de porosidad construido, se confeccionó un patrón de porosidad conocida, el cual consiste de un cilindro de bronce (densidad 8,46 gr/cm^3), de diámetro 62,5 mm y altura 20 mm, al que se le confeccionaron 553 perforaciones de 1 mm de diámetro y 9,5 mm de profundidad, según se muestra en la Figura 27.

Figura 27: Patrón de porosidad.

Al calcular la razón entre el volumen de aire contenido y el volumen del patrón, se encuentra que la porosidad nominal en este caso es de $\phi=0{,}07$.

En la Tabla 3 de la sección de resultados, se muestran los resultados experimentales correspondientes a 5 ensayos realizados con el patrón construido, lo que da un valor promedio de porosidad de $\phi = 0.0708 \pm 0.0037$.

5. RESULTADOS Y DISCUSION

En este capítulo se muestran los resultados experimentales obtenidos para muestras de celulosa a granel. En particular se midieron como constantes físicas del material su resistividad al flujo de aire (mediante el método acústico y el de flujo de aire) y su porosidad. Además, se estimó la tortuosidad de las muestras a partir de la fórmula empírica propuesta en el trabajo de Fatima and Mohanty (2011), dado por

$$\tau = 1 + \frac{1-\phi}{2\phi} \quad , \tag{27}$$

donde τ es la tortuosidad y ϕ es la porosidad del material.

Luego, se realizaron medidas en el tubo de impedancia para muestras del material con diferentes espesores (25, 50, 75 y 100 mm). Se consideraron dos condiciones de humedad del material (celulosa seca a 0% de humedad y celulosa con un valor de 69% de humedad). Las muestras con 0% de humedad fueron secadas en horno eléctrico durante 24 horas, a una temperatura de 105 °C. Usando una pesa electrónica y para un volumen conocido, se obtuvo un valor promedio de densidad igual a 96.4 kg/m^3 para la celulosa seca y 264 kg/m^3 para la celulosa húmeda.

5.1 RESISTIVIDAD AL FLUJO

5.1.1 Método Acústico

La Tabla 1 muestra los resultados obtenidos de la resistividad al flujo mediante el método acústico, considerando una densidad del aire de 1,21 kg/m^3, velocidad del sonido de 343,2 m/s y utilizando una frecuencia de 123 Hz. En este caso, la longitud de onda corresponde a 2,79 m.

De esta manera el valor promedio de resistividad al flujo para la celulosa a granel seca es 3567±240 Ns/m^4 y para la celulosa húmeda es 5011±365 Ns/m^4.

Tabla 1: Valores medidos experimentalmente para determinar la resistividad al flujo
mediante el método acústico.

Muestra		Posición		Cálculos
Estado	Espesor (mm)	Lp1 (dB)	Lp2 (dB)	σ (Ns/m^4)
Seco	50	103,2	109,8	3882
Seco	70	103,3	107,6	3614
Seco	110	103,5	104,3	3441
Seco	115	103,3	104,0	3330
Húmedo	50	105,1	108,7	5484
Húmedo	70	104,5	106,7	4602
Húmedo	110	104,1	101,6	5031
Húmedo	115	111,1	108,4	4925

5.1.2 Método del Flujo de Aire

Se midió la resistividad al flujo para una muestra de celulosa a granel seca mediante el aparato descrito al final de la Sección 4.1.2. Los resultados experimentales se muestran en la Tabla 2.

Tabla 2: Resultados experimentales usados para determinar la resistividad al flujo de muestras de celulosa seca, mediante el método del flujo de aire.

	Volumen m^3	Tiempo s	Caudal de agua m^3/s	Altura columna de aire m	Velocidad del aire m/s	ΔP N/m^2	Resistencia al flujo $N\,s/m^3$	Resistividad al flujo $N\,s/m^4$
Muestra 50 mm	0,0007854	30	0,000026	0,4	0,0133	3	225	4511
		8	0,000098		0,0500	10	200	4000
		25	0,000031		0,0160	3	188	3750
		11	0,000071		0,0364	8	220	4396
		15	0,000052		0,0267	6	225	4494
Muestra 70 mm	0,0007854	6	0,000131	0,4	0,0667	17	255	3641
		4	0,000196		0,1000	23	230	3286
		10	0,000079		0,0400	10	250	3571
		11	0,000071		0,0364	9	248	3532
		3	0,000262		0,1333	31	233	3322
Muestra 110 mm	0,0007854	35	0,000022	0,4	0,0114	5	438	3987
		16	0,000049		0,0250	11	440	4000
		5	0,000157		0,0800	31	388	3523
		10	0,000079		0,0400	17	425	3864
		31	0,000025		0,0129	5	388	3524
		28	0,000028		0,0143	6	420	3814
Muestra 115 mm	0,0007854	8	0,000098	0,4	0,0500	20	400	3478
		16	0,000049		0,0250	12	480	4174
		4	0,000196		0,1000	40	400	3478
		22	0,000036		0,0182	8	440	3822
		9	0,000087		0,0444	17	383	3329

A partir de los resultados experimentales se determina que el valor promedio para la resistividad al flujo de aire de la celulosa seca a granel es de 3786±375 Ns/m^4.

5.2 COEFICIENTE DE ABSORCION SONORA

Se midió el coeficiente de absorción sonora para las muestras de celulosa de pino no blanqueada, con un contenido de 69% de humedad y otras con 0%.

Dentro del proceso Kraft se considera que la fibra de celulosa, a la cual se le ha extraído la lignina mediante la cocción en digestores, sea sometida a un proceso de secado en un tren de prensado antes de pasar al proceso de blanqueado. Se trabajó con muestras de fibra extraídas en el tercer prensado, las que fueron aisladas mediante envases sellados con el propósito de no modificar sus condiciones de humedad y compactación. Experimentalmente se determinó para estas muestras una humedad promedio de 69%.

Se empleó el tubo de impedancia y un código programado en MATLAB, para realizar los cómputos a los archivos de datos. Para cada espesor y contenido de humedad, se realizaron 5 ensayos y se graficó el promedio de todas las medidas. En la Sección 5.4 se realizará un análisis de estos resultados experimentales. La nomenclatura usada para identificar los archivos de resultados fue MPxxP3Hyy, donde:

- MP indica Muestra de celulosa de pino
- xx indica el espesor de la muestra en mm (25, 50, 75 ó 100)
- P3 indica proceso de tercer prensado
- H indica el contenido de humedad
- yy indica el porcentaje de humedad (0 ó 69).

Con el propósito de observar la influencia de la humedad de la muestra en la absorción sonora, para cada espesor, se comparó los resultados obtenidos para muestras secas y con humedad de 69%.

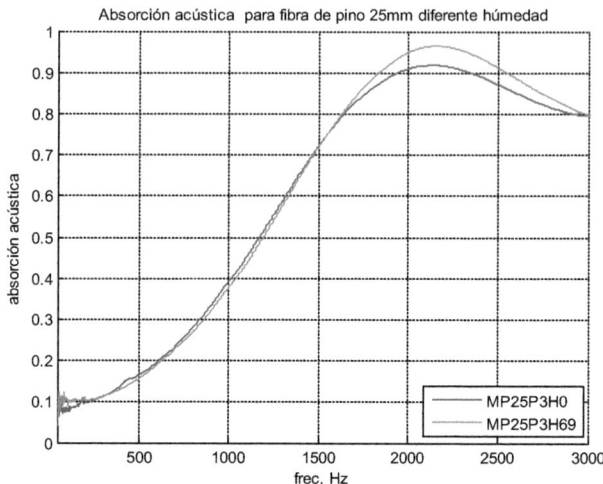

Figura 28: Resultados del coeficiente de absorción para la celulosa a granel de espesor 25 mm con diferente humedad (0% y 69%).

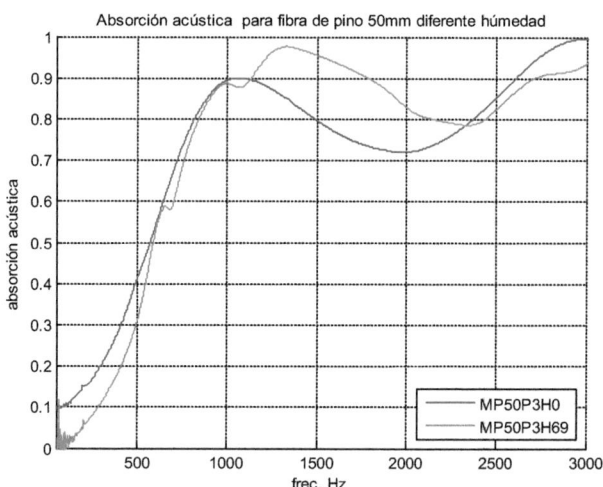

Figura 29: Resultados del coeficiente de absorción para la celulosa a granel de espesor 50 mm con diferente humedad (0% y 69%).

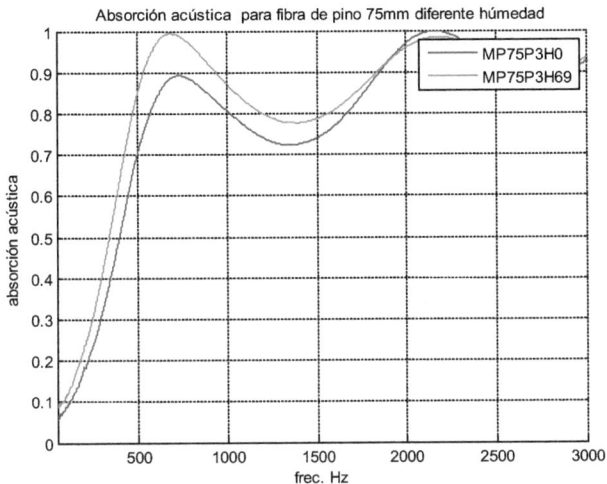

Figura 30: Resultados del coeficiente de absorción para la celulosa a granel de espesor 75 mm con diferente humedad (0% y 69%).

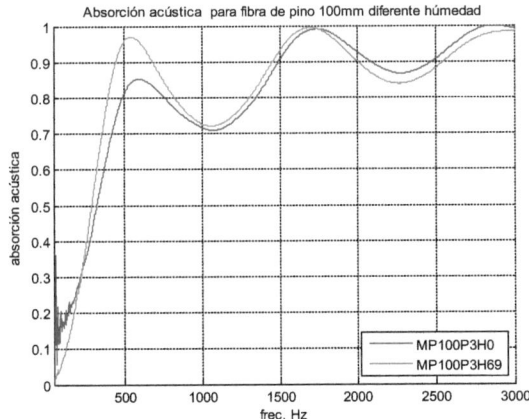

Figura 31: Resultados del coeficiente de absorción para la celulosa a granel de espesor 100 mm con diferente humedad (0% y 69%).

La Figura 32 muestra una comparación para diferentes espesores del coeficiente de absorción acústica promedio obtenido para muestras con humedad de 69%.

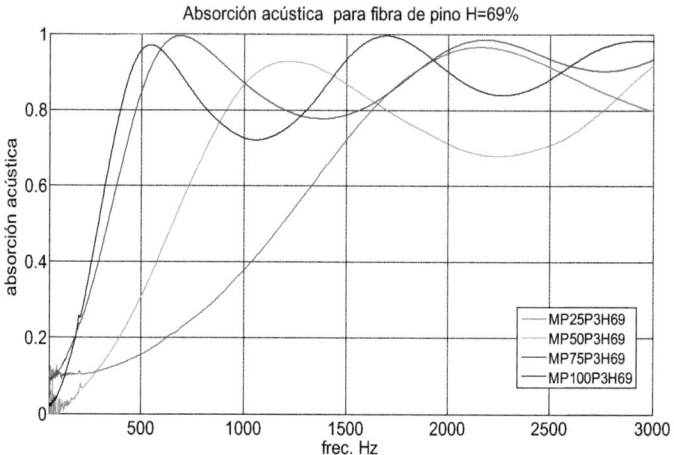

Figura 32: Coeficiente de absorción para la celulosa a granel con humedad de 69% y para diferentes espesores.

Las siguientes figuras muestran los resultados experimentales obtenidos para muestras con humedad de 69% y los distintos espesores. Se indican los resultados para el coeficiente de absorción sonora para cada muestra ensayada, el coeficiente de absorción sonora promedio para las 5 muestras, la desviación estándar del coeficiente de absorción promedio, y los resultados experimentales para la parte real y parte imaginaria de la impedancia acústica promedio.

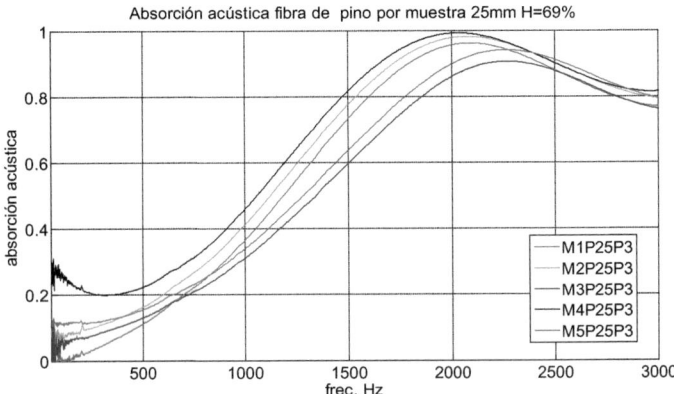

Figura 33: Coeficiente de absorción para las cinco muestras de celulosa a granel con humedad de 69% y espesor de 25 mm.

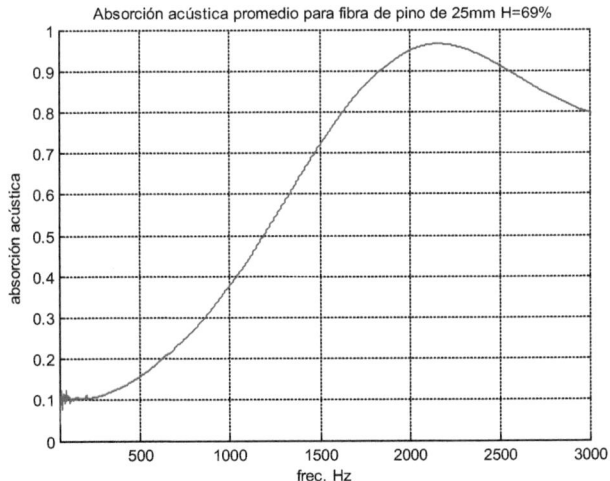

Figura 34: Coeficiente de absorción promedio de celulosa a granel con humedad de 69% y espesor de 25 mm.

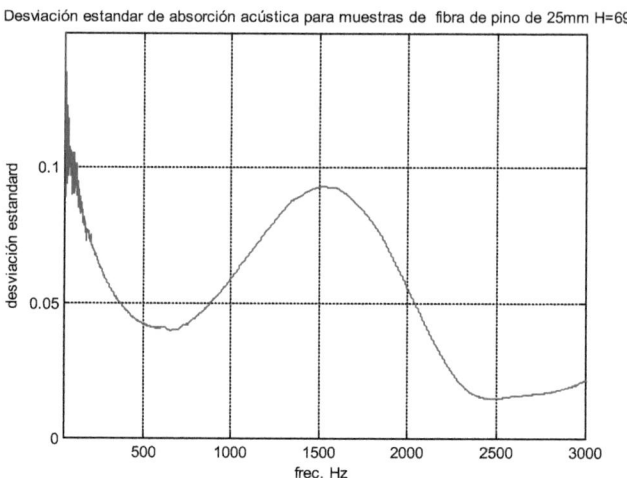

Figura 35: Desviación estándar del coeficiente de absorción promedio de celulosa a granel con humedad de 69% y espesor de 25 mm.

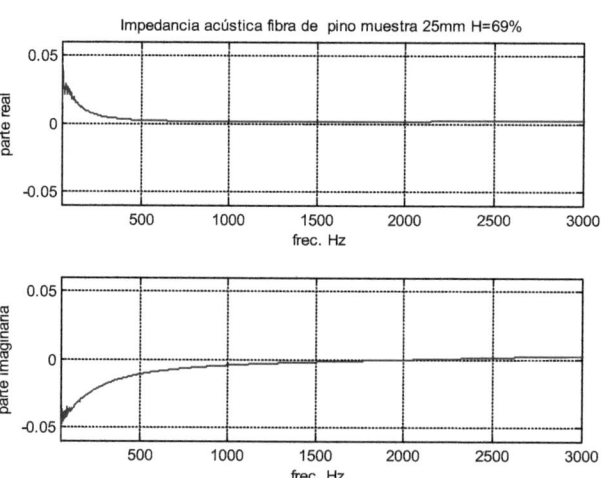

Figura 36: Resultados de la impedancia acústica promedio de celulosa a granel con humedad de 69% y espesor de 25 mm.

41

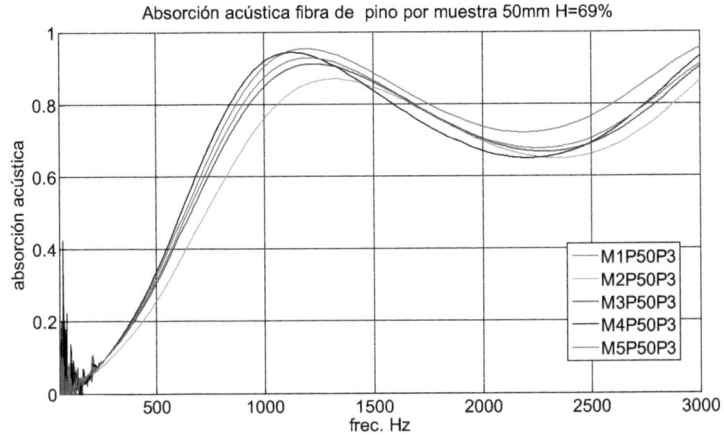

Figura 37: Coeficiente de absorción para las cinco muestras de celulosa a granel con humedad de 69% y espesor de 50 mm.

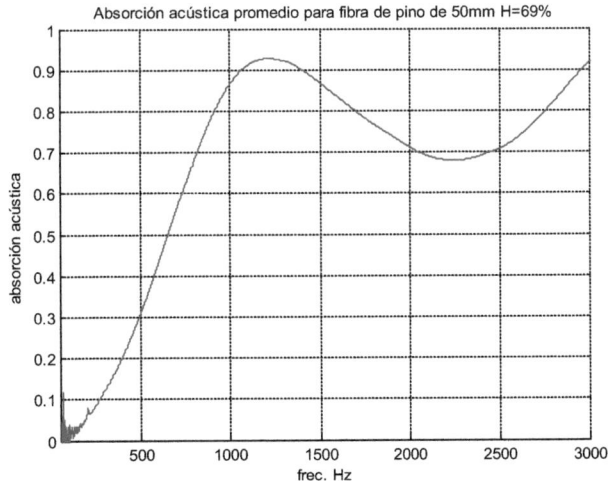

Figura 38: Coeficiente de absorción promedio de celulosa a granel con humedad de 69% y espesor de 50 mm.

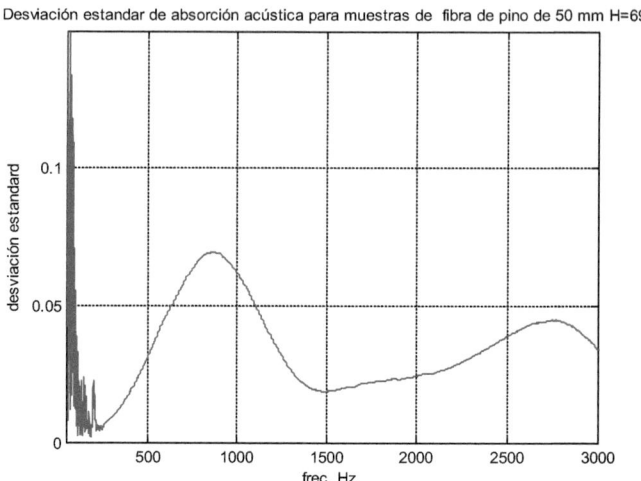

Figura 39: Desviación estándar del coeficiente de absorción promedio de celulosa a granel con humedad de 69% y espesor de 50 mm.

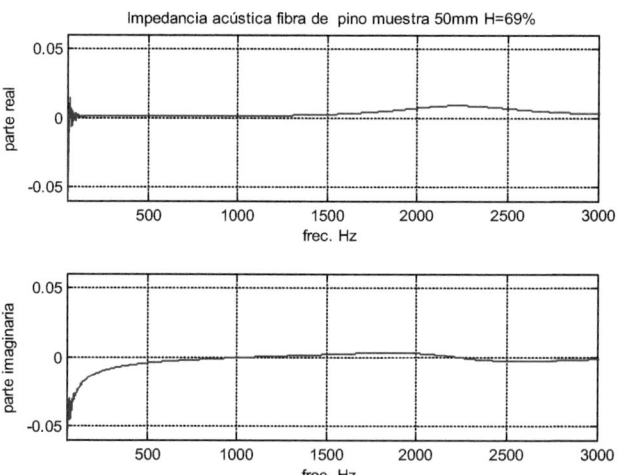

Figura 40: Resultados de la impedancia acústica promedio de celulosa a granel con humedad de 69% y espesor de 50 mm.

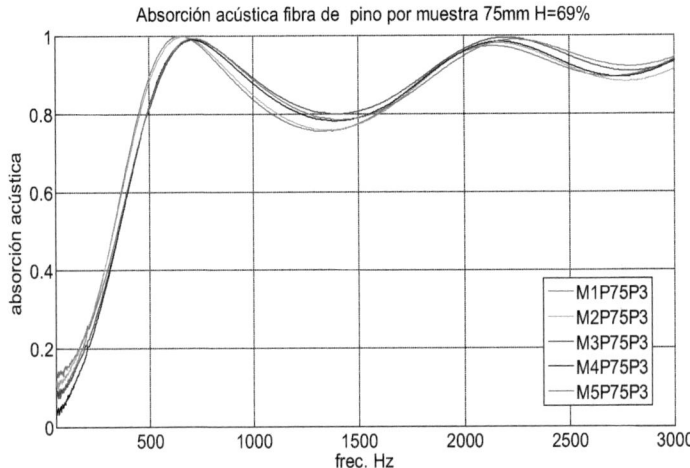

Figura 41: Coeficiente de absorción para las cinco muestras de celulosa a granel con humedad de 69% y espesor de 75 mm.

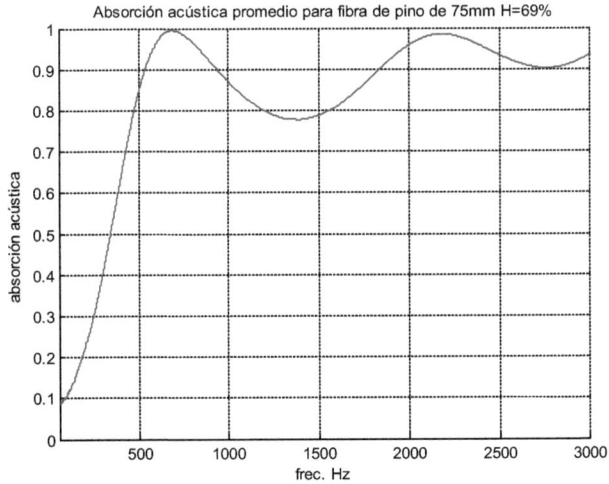

Figura 42: Coeficiente de absorción promedio de celulosa a granel con humedad de 69% y espesor de 75 mm.

44

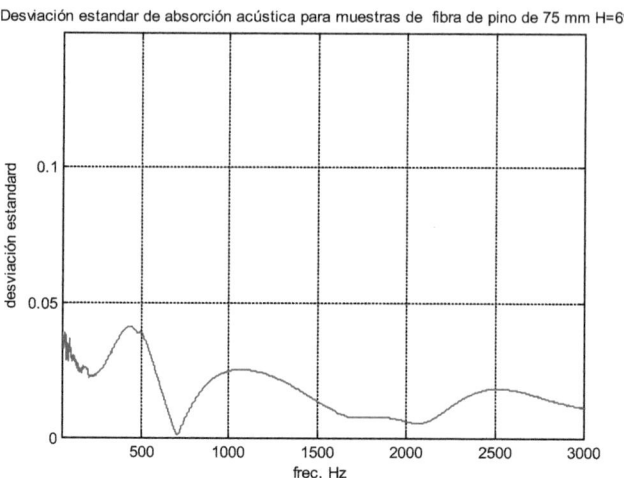

Figura 43: Desviación estándar del coeficiente de absorción promedio de celulosa a granel con humedad de 69% y espesor de 75 mm.

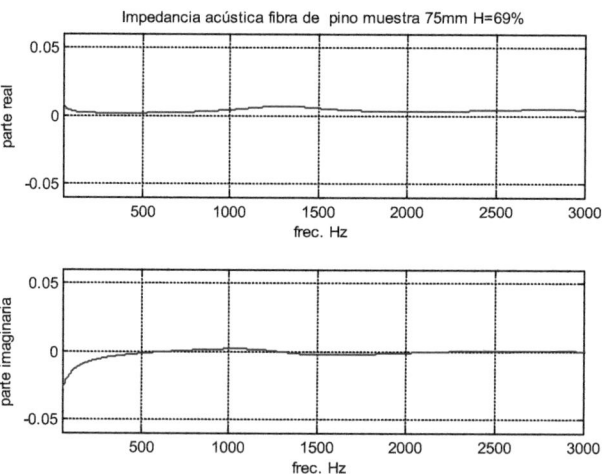

Figura 44: Resultados de la impedancia acústica promedio de celulosa a granel con humedad de 69% y espesor de 75 mm.

45

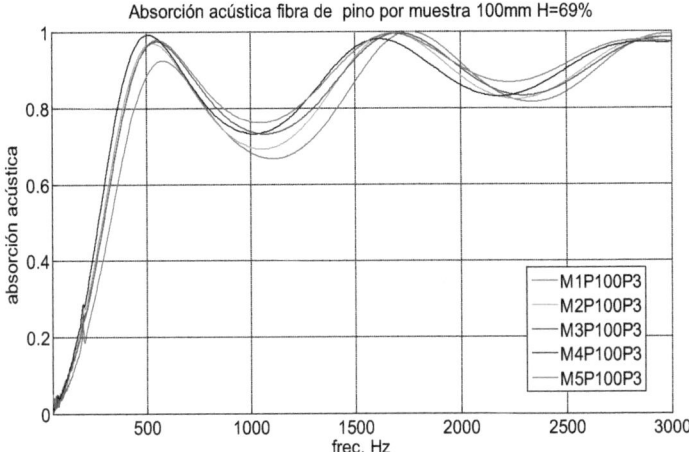

Figura 45: Coeficiente de absorción para las cinco muestras de celulosa a granel con humedad de 69% y espesor de 100 mm.

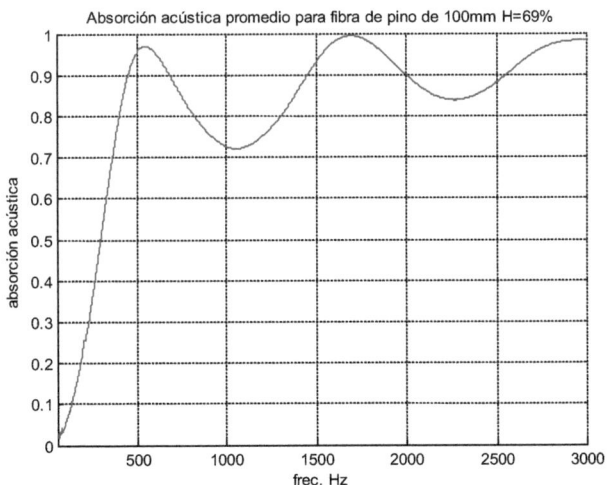

Figura 46: Coeficiente de absorción promedio de celulosa a granel con humedad de 69% y espesor de 100 mm.

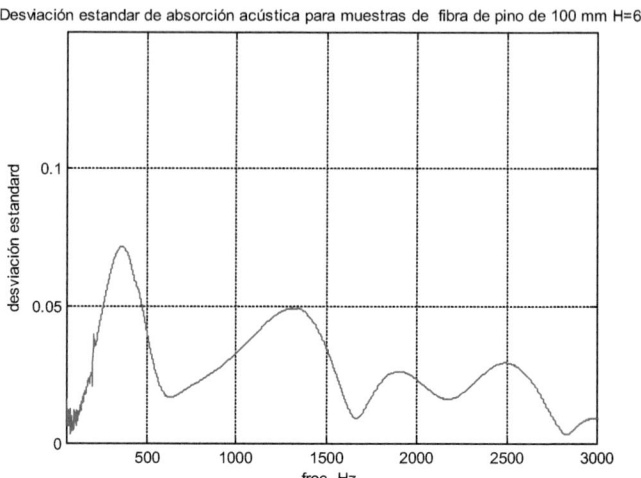

Figura 47: Desviación estándar del coeficiente de absorción promedio de celulosa a granel con humedad de 69% y espesor de 100 mm.

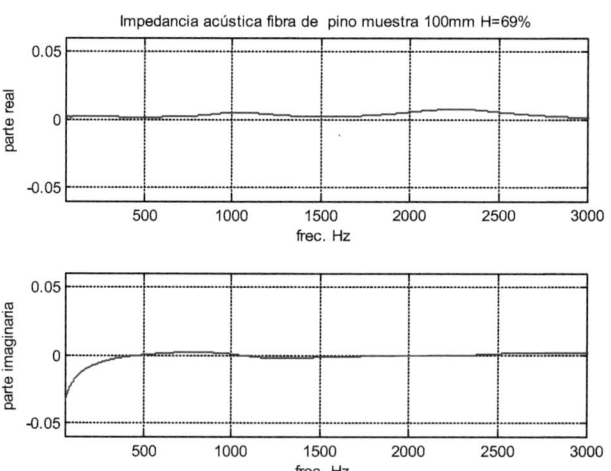

Figura 48: Resultados de la impedancia acústica promedio de celulosa a granel con humedad de 69% y espesor de 100 mm.

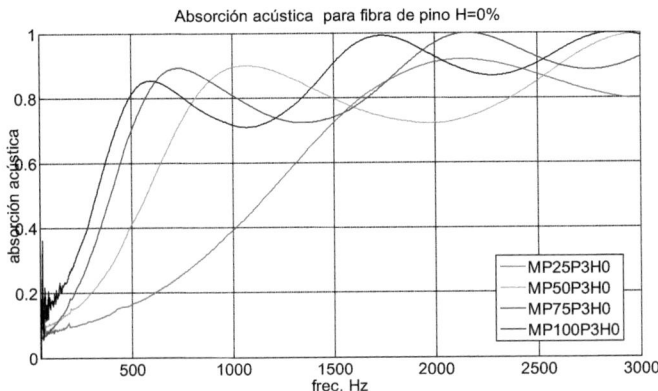

Figura 49: Coeficiente de absorción para la celulosa a granel con humedad de 0% y para diferentes espesores.

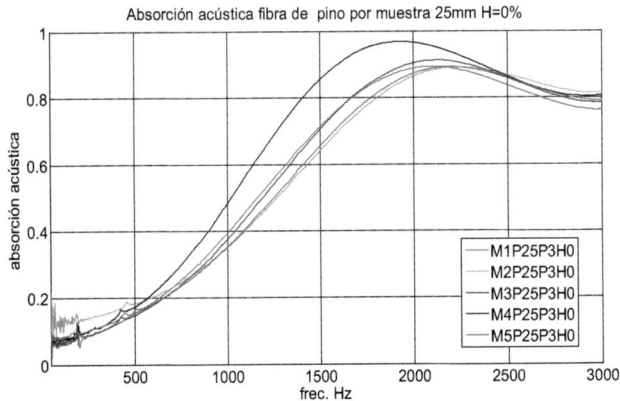

Figura 50: Coeficiente de absorción para las cinco muestras de celulosa a granel con humedad de 0% y espesor de 25 mm.

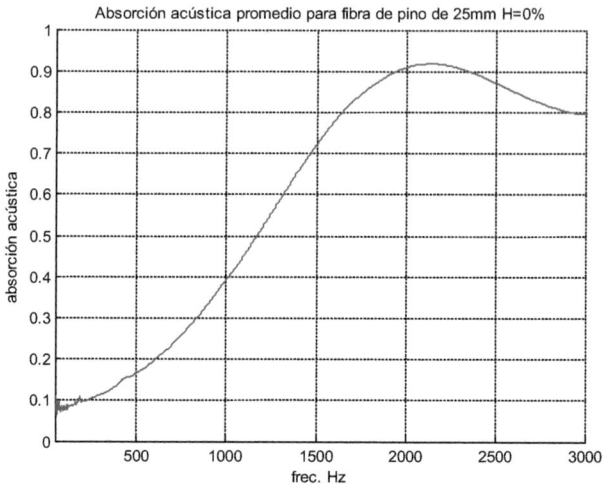

Figura 51: Coeficiente de absorción promedio de celulosa a granel con humedad de 0% y espesor de 25 mm.

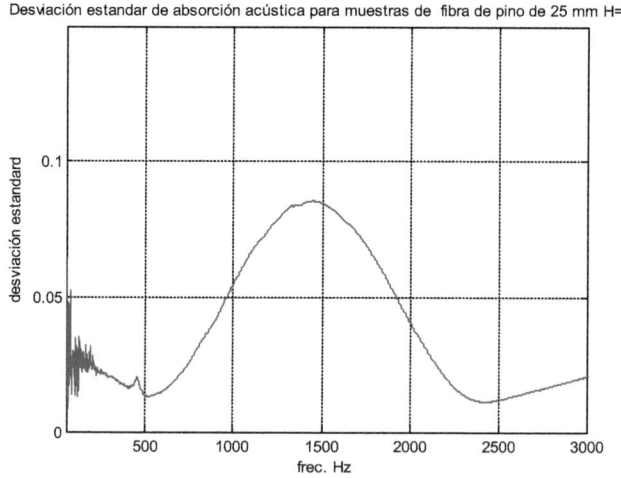

Figura 52: Desviación estándar del coeficiente de absorción promedio de celulosa a granel con humedad de 0% y espesor de 25 mm.

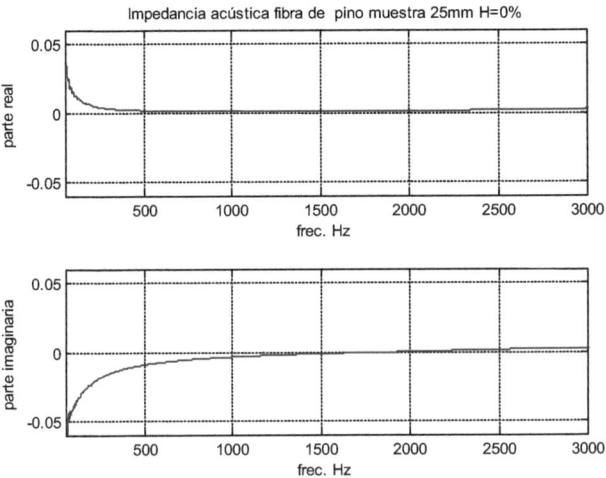

Figura 53: Resultados de la impedancia acústica promedio de celulosa a granel con humedad de 0% y espesor de 25 mm.

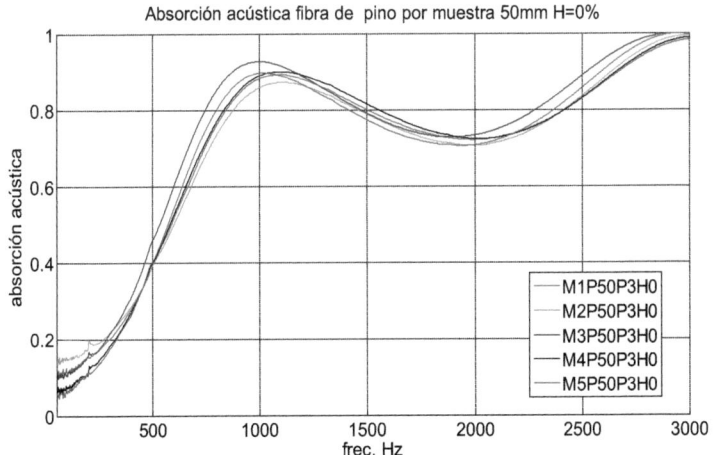

Figura 54: Coeficiente de absorción para las cinco muestras de celulosa a granel con humedad de 0% y espesor de 50 mm.

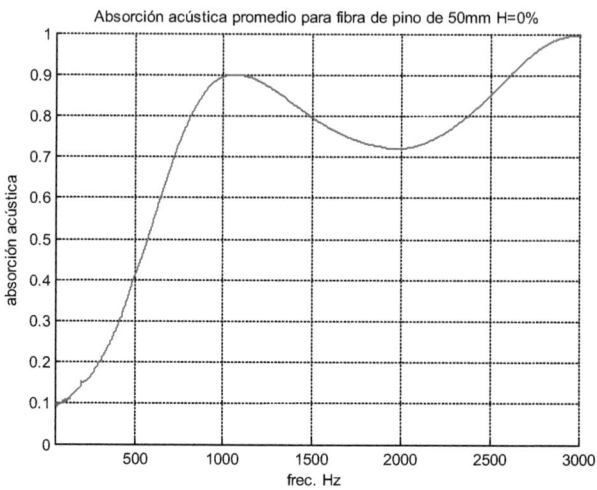

Figura 55: Coeficiente de absorción promedio de celulosa a granel con humedad de 0% y espesor de 50 mm.

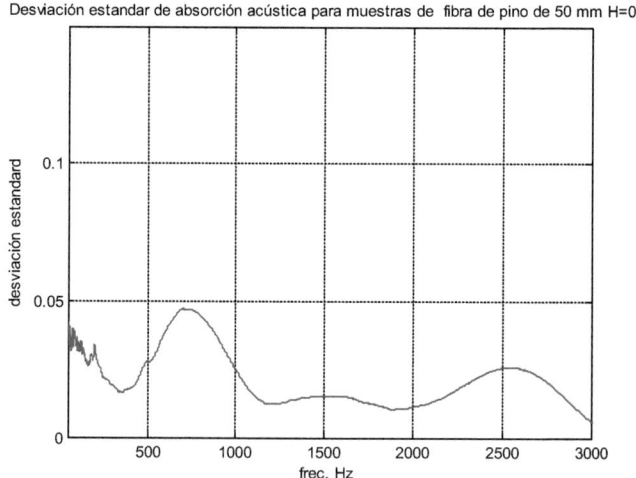

Figura 56: Desviación estándar del coeficiente de absorción promedio de celulosa a granel con humedad de 0% y espesor de 50 mm.

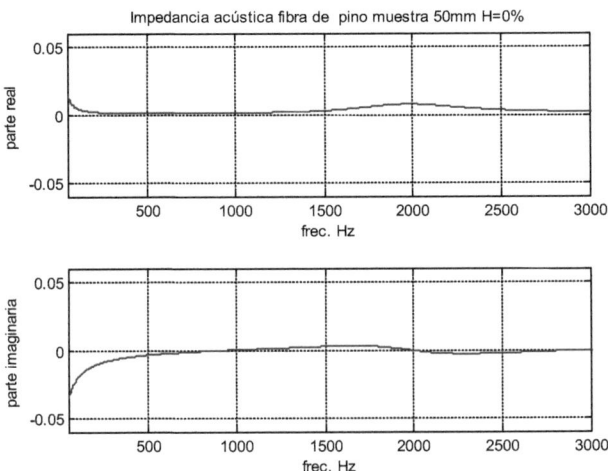

Figura 57: Resultados de la impedancia acústica promedio de celulosa a granel con humedad de 0% y espesor de 50 mm.

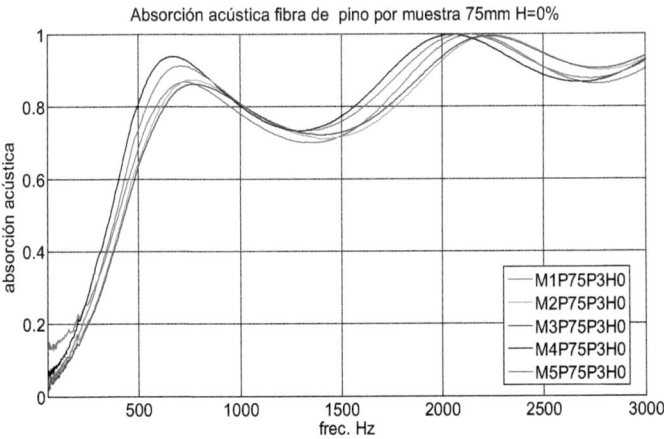

Figura 58: Coeficiente de absorción para las cinco muestras de celulosa a granel con humedad de 0% y espesor de 75 mm.

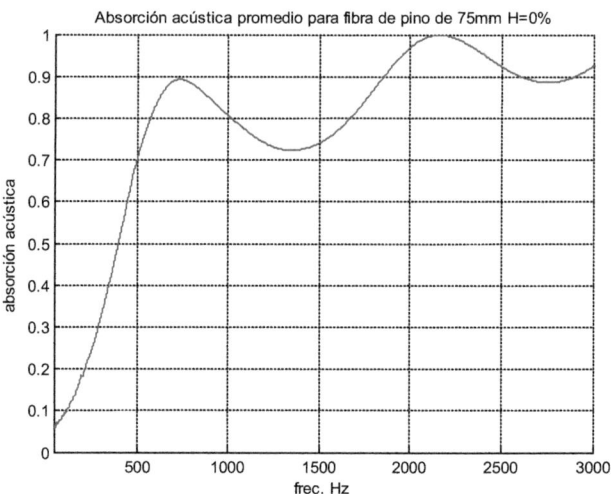

Figura 59: Coeficiente de absorción promedio de celulosa a granel con humedad de 0% y espesor de 75 mm.

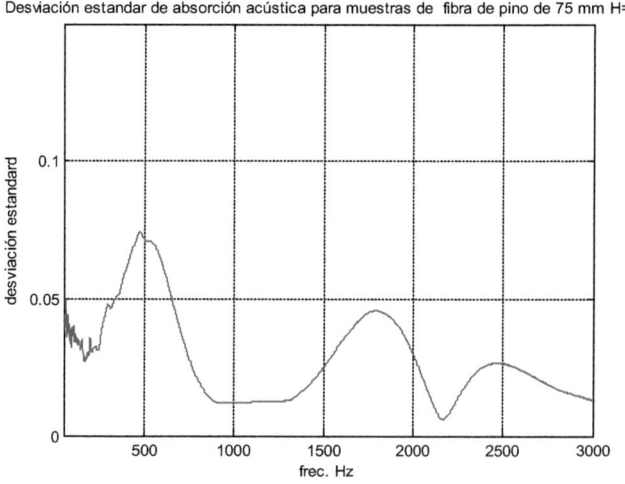

Figura 60: Desviación estándar del coeficiente de absorción promedio de celulosa a granel con humedad de 0% y espesor de 75 mm.

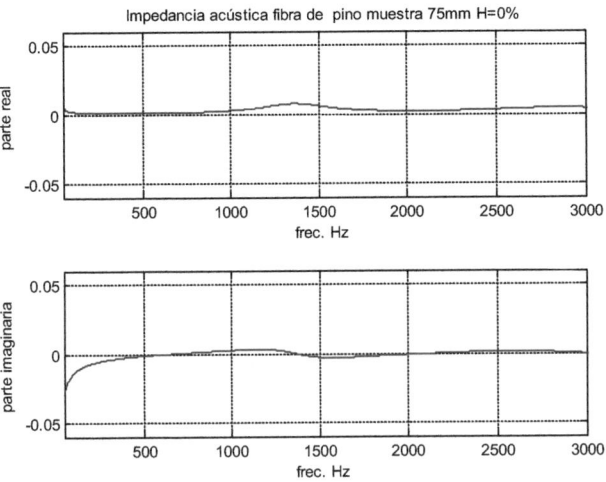

Figura 61: Resultados de la impedancia acústica promedio de celulosa a granel con humedad de 0% y espesor de 75 mm.

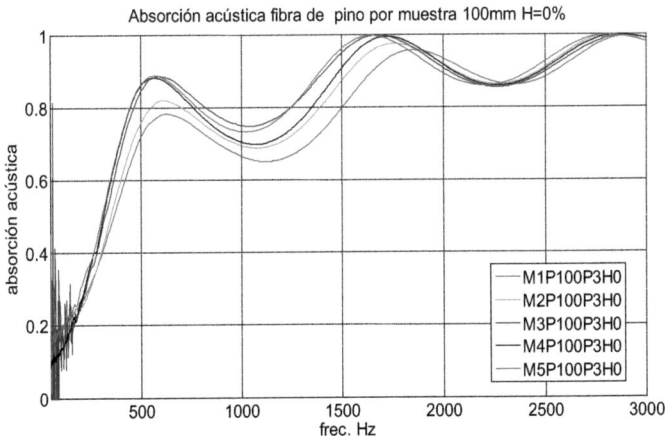

Figura 62: Coeficiente de absorción para las cinco muestras de celulosa a granel con humedad de 0% y espesor de 100 mm.

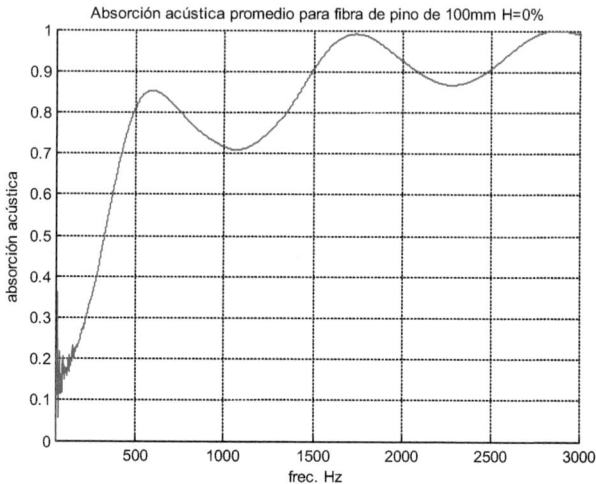

Figura 63: Coeficiente de absorción promedio de celulosa a granel con humedad de 0% y espesor de 100 mm.

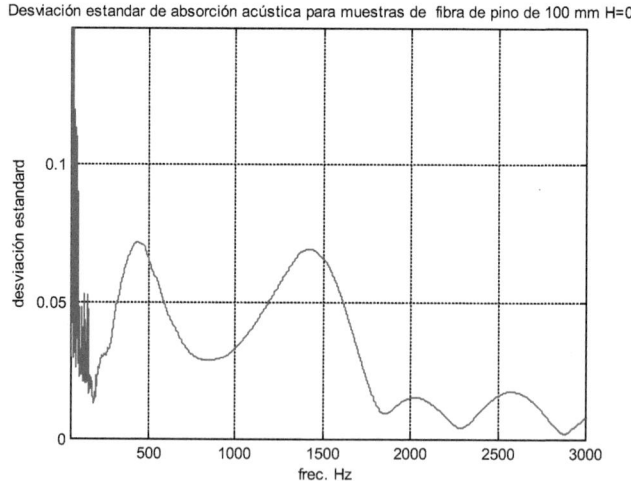

Figura 64: Desviación estándar del coeficiente de absorción promedio de celulosa a granel con humedad de 0% y espesor de 100 mm.

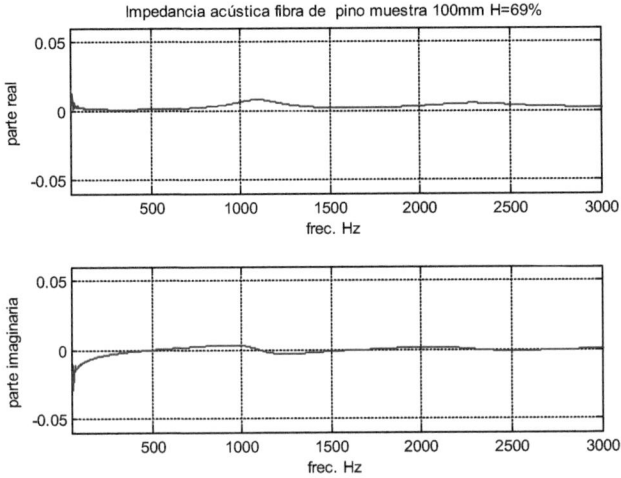

Figura 65: Resultados de la impedancia acústica promedio de celulosa a granel con
humedad de 0% y espesor de 100 mm.

5.3 POROSIDAD

Con el aparato construido, se midieron los valores de porosidad ϕ para 4 muestras de celulosa seca y 5 muestras con humedad de 69%. Además, se midió la porosidad con la muestra patrón. Los resultados experimentales se muestran en la Tabla 3.

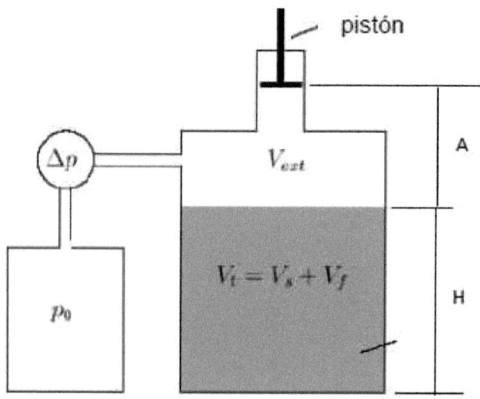

$$V' = V_s + V_{ext} \Rightarrow \phi = {V_s}/{V_t}$$

$$p_{atm} = 1013.25(mbar)$$

$$D_{cil} = 63.3(mm)$$

Figura 66: Esquema medición porosidad.

Tabla 3: Resultados experimentales usados para determinar la porosidad de las muestras de celulosa.

Ensayo material celulosa seca a 105°C por 24 hr.									
	H cm	A cm^2	Vt cm^3	Vext cm^3	ΔA cm	ΔP mPa	ΔV cm^3	V' cm^3	Vs cm^3	ϕ
Muestra 1	13,4	4,0	421,70	125,88	0,9	50,3	28,32	542,22	416,34	0,99
Muestra 2	13,9	3,9	437,43	122,73	0,9	49,6	28,32	550,27	427,54	0,98
Muestra 3	13,5	4,0	424,85	125,88	1,0	55,4	31,47	544,11	418,23	0,98
Muestra 4	11,9	5,0	374,49	157,35	1,0	58,2	31,47	516,42	359,07	0,96
Ensayo material celulosa húmeda con 69% humedad									
	H cm	A cm^2	Vt cm^3	Vext cm^3	ΔA cm	ΔP mPa	ΔV cm^3	V' cm^3	Vs cm^3	ϕ
Muestra 1	13	5,0	409,11	157,35	1,0	64,1	31,47	465,99	308,64	0,75
Muestra 2	13,6	4,0	427,99	125,88	1,0	59,4	31,47	505,35	379,47	0,89
Muestra 3	13,6	5,0	427,99	157,35	1,0	62,6	31,47	477,91	320,56	0,75
Muestra 4	13,9	5,0	437,43	157,35	1,0	59,6	31,47	503,55	346,20	0,79
Muestra 5	14,1	5,0	443,73	157,35	1,0	63,5	31,47	470,69	313,34	0,71
Ensayo muestra patrón									
	H cm	A cm^2	Vt cm^3	Vext cm^3	ΔA cm	ΔP mPa	ΔV cm^3	V' cm^3	Vs cm^3	ϕ
Ensayo 1	2	15,02	61,36	519,26	0,20	13,2	6,29	476,84	42,41	0,068
Ensayo 2	2	15,00	61,36	519,26	0,50	32,4	15,74	476,35	42,91	0,070
Ensayo 3	2	15,20	61,36	519,26	0,30	19,8	9,44	473,70	45,56	0,076
Ensayo 4	2	15,18	61,36	519,26	0,20	13,3	6,29	473,21	46,05	0,073
Ensayo 5	2	15,32	61,36	519,26	0,40	26	12,59	477,98	41,27	0,067

De esta manera, el valor promedio de la porosidad para la celulosa a granel seca es 0,98±0,01 y para la celulosa húmeda es 0,78±0,07.

5.4 ANALISIS DE LOS RESULTADOS EXPERIMENTALES

Para la celulosa seca de pino sin blanquear, de densidad 96.4 kg/m^3, se midió su resistividad al flujo mediante el método acústico (ver Tabla 1) y mediante el método del flujo de aire (ver Tabla 2) para cuatro valores de espesor del material. En la Tabla 4 se resumen los valores promedio y el cálculo del error entre los dos métodos, considerando al método del flujo de aire como el valor verdadero.

Tabla 4: Cálculo del error en los valores promedio de resistividad al flujo en las muestras de celulosa seca.

Espesor mm	Método del flujo de aire Ns/m^4	Método acústico Ns/m^4	Error absoluto Ns/m^4	Error porcentual %
50	4230	3882	347,5	8,2
70	3471	3614	142,9	4,1
110	3785	3441	343,9	9,1
115	3656	3330	326,5	8,9

Se puede apreciar que, para este material en particular, la diferencia entre los resultados obtenidos usando el método acústico y el método del flujo de aire es menor al 10%, que se puede considerar bastante aceptable y que está dentro de los valores obtenidos en estudios anteriores sobre métodos alternativos para medir la resistividad al flujo de materiales porosos (del Rey et al., 2013).

Así, en resumen, para la celulosa seca los valores de resistividad al flujo obtenidos del método de resistencia al flujo de aire, se tiene que la resistencia al flujo promedio fue de 3567±240 Ns/m^4, con una porosidad promedio fue de 0.98±0.01 y con una tortuosidad estimada de 1.01.

Observando los resultados de los coeficientes de absorción sonora se puede apreciar la típica forma de los gráficos para un material absorbente apoyado en una pared rígida y bajo la acción de una onda de presión sonora plana. Las curvas de absorción sonora versus la frecuencia presentan un claro aumento a medida que aumenta la frecuencia de excitación, presentándose una cierta inestabilidad a altas frecuencias con presencia de picos y valles.

Se observa también que a medida que aumenta el espesor de la muestra, se logra un incremento de la absorción del sonido a bajas frecuencias.

En aplicaciones prácticas con materiales absorbentes, cuando la humedad ambiente alcanza el punto de rocío, se produce condensación; sabiendo que no siempre se toma la precaución de instalar barreras de vapor adecuadas que aíslen totalmente el material absorbente, es que se ha estudiado el comportamiento de las muestras bajo una cierta condición de humedad relativa.

Para muestras de celulosa de pino, proveniente de la tercera etapa de prensado, con una humedad de 69%, se obtuvo una densidad promedio de 264 kg/m^3. La medida de resistividad al flujo promedio en este caso fue de 5011±365 Ns/m^4, la porosidad promedio fue de 0.78±0.07 y una tortuosidad estimada de 1.16. Como se esperaba, debido a la viscosidad del agua se produce un efecto de capilaridad, producto del cual se reduce el número de poros abiertos en el material, obstaculizando e incrementando la resistencia al paso del aire. Esto confirma el hecho que, para la mayoría de los materiales porosos, un incremento en la humedad provoca una disminución de la porosidad.

Respecto a los resultados del coeficiente de absorción para las muestras con humedad, podemos observar que para espesores de celulosa a granel hasta 50 mm de espesor, los resultados son similares que los obtenidos para la celulosa seca. La forma de las curvas de absorción al sonido son similares y son levemente más ajustadas hacia arriba para mayor frecuencia. Pequeñas diferencias se observan para mayores espesores, para los cuales las curvas de absorción al sonido se hacen levemente más altas. Este comportamiento es causado por el cambio en la densidad, resistividad al flujo de aire y porosidad que ocurre debido a la humedad en las muestras de celulosa.

Al comparar el coeficiente de absorción acústica de las muestras de celulosa con materiales comerciales en base a fibra mineral, para el mismo espesor, se puede apreciar un comportamiento similar con un máximo alrededor de 1000 Hz, para posteriormente bajar y subir en forma cíclica (Arenas et al., 2011).

5.5 MODELO EMPIRICO: AJUSTE DE LOS COEFICIENTES

Para materiales fibrosos, homogéneos e isotrópicos, Delany y Bazley (1970), establecieron que para una frecuencia dada, la impedancia característica (Z) y la constante de propagación (Γ) están dadas, respectivamente, por

$$Z = Z_0 \left(1 + C_1 \chi^{-C_2} - j C_3 \chi^{-C_4} \right) \tag{28}$$

$$\Gamma = k \left(C_5 \chi^{-C_6} + j \left(1 + C_7 \chi^{-C_8} \right) \right) \tag{29}$$

donde $k=2\pi f/c$ es el número de onda de campo libre, f es la frecuencia del sonido, c es la velocidad del sonido en el aire a temperatura ambiente, $\chi = \rho f/\sigma$ es un número adimensional, σ es la resistividad al flujo, ρ es la densidad del aire a temperatura ambiente y $Z_0 = \rho c$ es la impedancia característica del aire.

Del Rey et al. (2012), establecen que el coeficiente de absorción a incidencia normal, se puede calcular, como

$$\alpha = \frac{4 Z_0 Z_{lR}}{|Z_l|^2 + 2 Z_0 Z_{lR} + Z_0^2} \tag{30}$$

donde la impedancia específica para una pared rígida, está dada por

$$Z_l = Z \coth(\Gamma d) = Z_{lR} + j Z_{ll} \tag{31}$$

donde d es el espesor de la muestra a ensayar y Z_{dR} y Z_{dL} son la parte real e imaginaria de la impedancia específica, respectivamente.

Los coeficientes de regresión, se obtienen minimizando, para cada frecuencia, una función de error cuadrático aplicada al coeficiente de absorción a incidencia normal calculado según la ecuación (30) (del Rey et al., 2012), con respecto al obtenido según la ecuación (25) (Delany y Bazley, 1970). Esta función de error cuadrático se define como

$$\varepsilon = \sum_{i=1}^{N} (\alpha_i \quad \hat{a}_i)^2 \tag{32}$$

donde α_i es el coeficiente de absorción sonora medido a incidencia normal para una muestra de material en la i-ésima frecuencia y $\hat{a}_i$ es el correspondiente valor estimado usando las ecuaciones (28) y (30).

El sistema de ecuaciones a resolver en el proceso de minimización es

$$\frac{\partial \varepsilon}{\partial C_i} = 2\sum_{i=1}^{N} (\alpha_i - \hat{a}_i)\frac{\partial \hat{a}_i}{\partial C_i} = 0 \qquad \text{para } i=1,\dots, 8. \tag{33}$$

Se implementó un programa computacional en MATLAB (Arenas et al., 2014), con el cual se calcularon los coeficientes de regresión para las muestras ensayadas, con lo cual las ecuaciones para el cálculo de la impedancia característica y la constante de propagación, quedan de la siguiente manera

$$Z = Z_0\left(1 \quad 0.6224\chi^{-0.0892} \quad j0.4816\chi^{0.6147}\right) \tag{34}$$

$$\Gamma = k\left(0.3952\chi^{0.1273} - j\left(1+0.5823\chi^{0.0872}\right)\right) \tag{35}$$

Estos valores de los coeficientes difieren de los presentados en las ecuaciones (9) y (10). La razón de esta diferencia es que en esas ecuaciones los coeficientes fueron determinados mediante el modelo empírico propuesto por Delany y Bazley (1970) aplicado a materiales fibrosos en base a lanas minerales.

La Figura 67 muestra la comparación entre los valores predichos y medidos del coeficiente de absorción sonora a incidencia normal de la celulosa seca a granel sin blanquear para diferentes espesores.

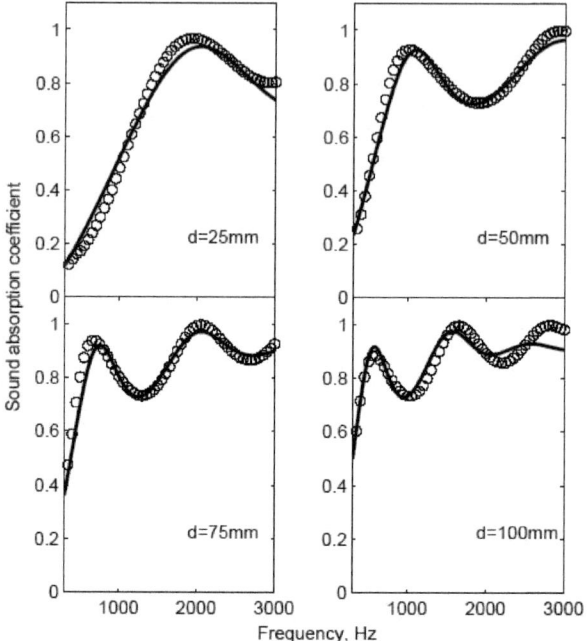

Figura 67: Comparación de los valores predichos y medidos del coeficiente de absorción sonora a incidencia normal de celulosa seca a granel sin blanquear para diferentes espesores; — valores predichos, O resultados experimentales (Arenas et al., 2014).

Para describir cuantitativamente el grado de aproximación del modelo empírico, el error relativo de predicción se calculó usando la siguiente ecuación (Oliva y Hongisto, 2013)

$$\bar{\varepsilon} = \frac{1}{N} \sum_{i=1}^{N} \frac{\left| \hat{a}_i - \alpha_i \right|}{\alpha_i}, \qquad (36)$$

donde α_i es el coeficiente de absorción sonora a incidencia normal medido, $\hat{a}_i$ es el correspondiente valor estimado a partir del modelo empírico y N es el número de medidas

(10 mediciones para cada una de las cuatro espesores, esto es N=40). Los resultados para el error de predicción del coeficiente de absorción sonora en función de la frecuencia se muestran en la Figura 68.

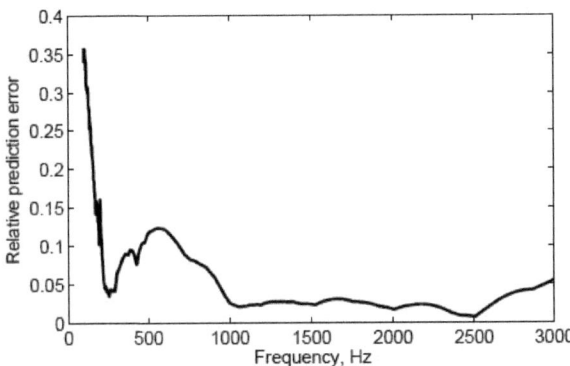

Figura 68: Error relativo de predicción del coeficiente de absorción sonora para el método de predicción usado para la celulosa seca a granel (Arenas et al., 2014).

Se observa que el error relativo de predicción es grande para frecuencias bajas, con valores sobre el 35% a 100 Hz. A frecuencias más altas este error se reduce a menos del 10%. El error relativo de predicción promedio es de 4.17%, considerando el rango de frecuencias entre 300 y 3000 Hz. El valor del error promedio para todos los datos es de 4.85%. Estos valores de error son comunes para este tipo de métodos empíricos y los resultados están de acuerdo a las observaciones realizadas recientemente por otros autores en el desarrollo de modelos para predecir la absorción de lanas minerales típicas (Oliva y Hongisto 2013). Por lo tanto, los coeficientes de regresión calculados pueden ser aplicados con suficiente confianza en el modelo, para predecir el comportamiento acústico de la celulosa a granel.

6. CONCLUSIONES

A través del trabajo realizado, se puede concluir que se ha cumplido el objetivo general, caracterizando el comportamiento de la fibra de celulosa de pino no blanqueada como material absorbente acústico. Para esta fibra de biomasa, se logró medir la resistencia al flujo, la porosidad y la absorción acústica, bajo diferentes condiciones de espesor y humedad.

La fibra de celulosa, que es un material renovable, presenta un comportamiento similar al de otros materiales aislantes provenientes de fibras naturales, con lo cual se puede considerar su uso como un material alternativo. Para esto faltaría hacer una evaluación económica, lo cual podría ser un desarrollo a futuro.

Respecto a los objetivos específicos, estos se cumplieron a cabalidad, construyendo un banco de ensayos para caracterizar materiales acústicos, el que consta de:
- Porosímetro,
- Medidor de resistencia al flujo mediante el método acústico,
- Medidor de resistencia al flujo, mediante un flujo de aire,
- Tubo de impedancia.

Con el equipamiento fabricado, se determinaron algunas propiedades físicas de las muestras: resistencia al flujo de aire y porosidad, como también propiedades acústicas: impedancia acústica y coeficiente de absorción sonora, para muestras de diferentes espesores y humedad, en las condiciones usadas en aplicaciones reales.

El porosímetro fabricado entrega resultados muy confiables al medir el valor de la porosidad de materiales porosos. Sin embargo, debido al principio físico del dispositivo, éste método es aplicable solamente a la medida de materiales con poros abiertos.

Se puede concluir que, para el caso de la celulosa, el método acústico y el de flujo de aire entregaron valores relativamente similares de la resistividad al flujo, con diferencias menores al 10%.

La determinación de estas propiedades físicas, permitió aplicar de modelos matemáticos para predecir en forma teórica el comportamiento acústico de los materiales aislantes los que fueron comparados con resultados experimentales, logrando establecer nuevos coeficientes de regresión para las ecuaciones de Delany y Bazley, los que se aplican a materiales porosos del tipo fibrosos. El error de aproximación total del método de predicción resultó ser menor al 5%, por lo cual se puede considerar una buena aproximación.

Se puede concluir que el material formado por celulosa a granel sin blanquear tiene un comportamiento de absorción sonora similar al de la fibra de vidrio y otros materiales manufacturados en base a fibras minerales, con la ventaja de ser un material reciclable, natural y amigable con el medioambiente. Este material tiene excelentes características para ser usado como aislante en aquellos lugares donde existen intersticios, ranuras y superficies irregulares, tales como áticos, subsuelos y cavidades de paredes.

Se observó que la humedad en el material causó un incremento en la resistividad al flujo de aire y una disminución de la porosidad promedio del material, lo cual produce un pequeño incremento en la absorción sonora para capas gruesas de material. Poco efecto se produce en el caso de capas delgadas del material. Sin embargo, en general se observó que la presencia de humedad no afectaba considerablemente las propiedades de absorción sonora del material, al menos hasta una humedad relativa del 69%. Esto está de acuerdo con estudios anteriores que concluyen lo mismo para materiales manufacturados en base a fibras de madera para valores de humedad a temperatura ambiente (Godshall y Davis, 1969).

Como trabajo futuro, se plantea medir un mayor número de muestras y caracterizar el material con algunos agregados, en particular aditivos no-tóxicos que añadan resistencia al fuego y a los insectos, para su uso como material de construcción.

7. BIBLIOGRAFIA

Alba J., del Rey R., Ramis J., Arenas JP. (2011). An inverse method to obtain porosity, fibre diameter and density of fibrous sound absorbing materials. Archives of Acoustics 36(3), 561–574.

Arenas JP, Crocker MJ. (2010). Recent trends in porous sound-absorbing materials for noise control. Sound and Vibration 44(7), 12-17.

Arenas JP, Rebolledo J (2013). Acoustic characterization of loose-fill cellulose crumbs obtained from wood fibers for sound absorption. In: Proceedings of Internoise. Innsbruck.

Arenas JP, Rebolledo J., del Rey R, Alba J. (2014). Sound absorption properties of unbleached cellulose loose-fill insulation material. Bioresources 9(4), 6227-6240.

Arenas JP, Alba J, del Rey R, Ramis J, Suárez E. (2011). Materiales Absorbentes Ecológicos para Pantallas Acústicas, 2da edición, Publicaciones Universidad de Alicante, Alicante.

ASTM E1050-98 (1998). Standard method for impedance and absorption of acoustical material using a tube, two microphones and a digital frequency. International Organization for Standardization, Geneva.

Benkreira H., Khan A., Horoshenkov KV. (2011). Sustainable acoustic and thermal insulation materials from elastomeric waste. Chemical Engineering Science 66, 4157-4171.

Beranek LL. (1942). Acoustic impedance of porous materials, Journal of the Acoustical Society of America 13, 248-260.

Biot M.A. (1956). Theory of propagation of elastic waves in a fluid-saturated porous solid, I. Low frequency range. Journal of the Acoustical Society of America 28, 168-178.

Champoux, Y., Stinson, M. R., and Daigle, G. A. (1991). Air-based system for the measurement of porosity, Journal of the Acoustical Society of America 89(2), 910-916.

Crocker M., Arenas JP. (2008). Use of sound-absorbing materials. Chapter 57. Handbook of Noise and Vibration Control. John Wiley & Sons, New York.

Delany ME., Bazley EN. (1970). Acoustical properties of fibrous absorbent materials, Applied Acoustics 3(2), 105-16.

Dauchez N. (1999). Étude vibroacoustique des materiaux poreux par éléments finis, Thesis University of Maine, France and the University of Sherbrooke, Canada.

Del Rey R., Alba J., Arenas JP., Sanchis VJ. (2012). An empirical modelling of porous sound absorbing materials made of recycled foam, Applied Acoustics 73(6-7), 604-609.

Del Rey R., Alba J., Arenas JP., Ramis J. (2013). Evaluation of two alternative procedures for measuring airflow resistance of sound absorbing materials, Archives of Acoustics 38(4), 547–554.

Fatima S., Mohanty AR. (2011). Acoustical and fire-retardant properties of jute composite materials, Applied Acoustics 72(2-3), 108-114.

Godshall, W.D., Davis, J.H. (1969). Acoustical Absorption Properties of Wood-based Panel Materials, USDA Forest Service Research Paper FPL 104, Madison, WI.

Iannace G., Ianniello C., Maffei L., Romano R. (1999). Steady-state airflow and acoustic measurement of the resistivity of loose granular materials, Journal of the Acoustical Society of America 106(3), 1416-1419.

Ingard K.U., Dear T.A. (1985). Measurement of acoustic flow resistance, Journal of Sound and Vibration 103(4), 567-572.

ISO 354 (2003). Acoustics Measurement of sound absorption in a reverberation room, International Organization for Standardization, Geneva.

ISO 9053 (1991). Acoustics Materials for acoustical applications. Determination of airflow resistance, International Organization for Standardization, Geneva.

ISO 10534-2 (2002). Acoustics -Determination of sound absorption coefficient and impedance in impedances tubes Part 2: transfer-function method, International Organization for Standardization, Geneva.

ISO 29053 (1993). Acoustics. Materials for acoustical applications. Determination of airflow resistance, International Organization for Standardization, Geneva.

Juliá Sanchis E. (2008). Modelación, simulación y caracterización acústica de materiales para su uso en acústica arquitectónica. Tesis doctoral. Universidad Politécnica de Valencia.

Kashaninejad M., Tabil LG. (2009). Resistance of bulk pistachio nut (Ohadi variety) to airflow, Journal of Food Engineering 90, 104-109.

Oliva D., Hongisto V. (2013). Sound absorption of porous materials- Accuracy of prediction methods. Applied Acoustics 74, 1473-1479.

Sagartzazu X., Hervella-Nieto L., Pagalday JM. (2008). Review in sound absorbing materials. Archives of Computational Methods in Engineering 15(3), 311-342

Schiavi A., Guglielmone C., Miglietta P. (2011). Effect and importance of static-load on airflow resistivity determination and its consequences on dynamic stiffness, Applied Acoustics 72, 705-710.

Scott R.A. (1946). The absorption of sound in a homogeneous porous medium, Proceedings of the Physical Society 58, 165-183.

UNE-EN 20354 (1994). Medición de la absorción sonora en cámara reverberante. Modificación 1: Montaje de muestras de ensayo para ensayos de absorción sonora. Norma Española.

Voronina N. (1994). Acoustical properties of fibrous materials. Applied Acoustics 42(2), 165-174.

Yoon G.H. (2013). Acoustic topology optimization of fibrous material with Delany-Bazley empirical material formulation, Journal of Sound and Vibration 332, 1172-1187.

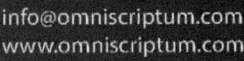